4

빛깔있는 책들 102-15

종묘와 사직

글/김동욱 ● 사진/김동욱, 김종섭

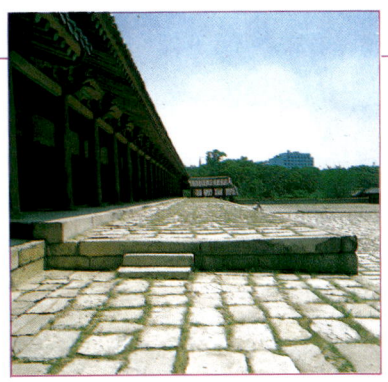

대원사

김동욱 ————————————
고려대학교 건축공학과를 졸업하고
일본 와세다대학 대학원에서 공학박
사 학위를 받았다. 경기대학교 부교수
로 있으며, 문화관광부 문화재위원회
전문위원 겸 경기도 문화재위원이다.

김종섭 ————————————
본사 사진부 차장

종묘와 사직

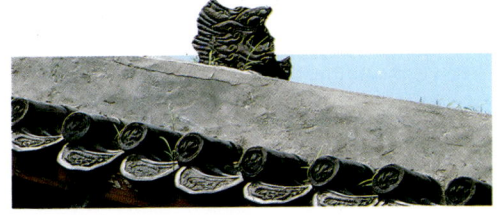

종묘와 사직

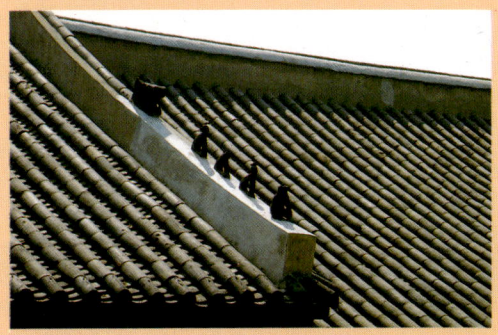

머리글

　해마다 5월 첫째 일요일이 되면 전국에 흩어져 살던 전주 이씨들이 별로 소문도 없이 한 곳에 조용히 모여 하나의 아주 엄숙한 의식에 자리를 같이 한 뒤 다시 살던 곳으로 흩어진다. 이 의식이 바로 종묘 대제(宗廟大祭)이다. 원래 이 제사는 조선시대까지는 나라에서 치르던 제사였는데 왕조의 막이 내리고 한동안 중단되었다가 조선의 왕가 후손들인 전주 이씨의 모임인 대동종약원이 이 행사를 맡아서 다시 치르고 있다.

　종묘 대제는 조선시대는 물론 고려시대 그리고 더 거슬러 올라가 삼국시대에도 나라에서 가장 중요시한 국가적인 제사였다. 종묘 대제는 역대 임금의 신위를 모시고 돌아가신 임금께 올리는 제사였으므로 인간을 대상으로 하는 제사로 이보다 더 높은 격식을 갖는 제사는 왕조 시대에는 있을 수 없었다. 종묘의 제사가 그처럼 최고의 격식을 갖는 것이었던 만큼 종묘 자체도 나라 안에서 으뜸 가는 중요한 시설로 꼽히었음은 말할 필요도 없다.

　종묘와 함께 으뜸으로 여겨진 또 하나의 시설로 사직단(社稷壇)이 있다. '사'는 땅의 신을 가리키며 '직'은 곡식의 신을 가리키는

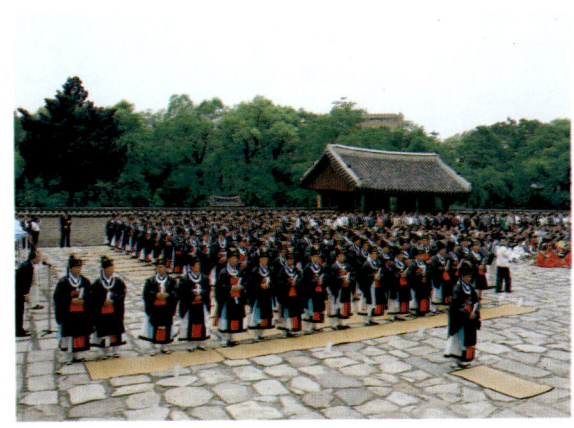

종묘 대제의 모습 역대 임금의 신위를 모시고 종묘에서 제례를 지내는 모습이다.

데, 두 신께 제사드리는 단을 만들어 모신 곳이 사직단이다. 땅과 곡식은 사람이 살아가는 기본이며 그것은 국가 성립의 기본이기도 하다. 종사 곧 종묘와 사직은 왕조 시대에는 흔히 국가 그 자체를 상징하는 말이었다. 조선 왕조를 세운 태조 이성계가 도성을 한양으로 옮기고 나서 제일 먼저 지은 것이 종묘와 사직이었던 사실은 이 두 시설이 없고서는 왕조의 통치 질서가 설 수 없었음을 잘 말해 준다.

종묘와 사직은 그 제도가 고대 중국에서부터 비롯된 것이다. 이것은 모두 예(禮)의 범주에 들어가는 것으로, 예란 사람이 사는 기본 법칙이며 국가의 질서도 모두 이 예에서 비롯된다고 여겼다. 예는 다섯 가지로 나뉘는데 그 가운데 으뜸은 길례 곧 제사 지내는 예이고 길례는 다시 대사, 중사, 소사로 나뉘는데 종묘와 사직의 제사는 바로 길례 가운데 으뜸인 대사였다. 결국 종묘와 사직은 왕조 시대 정신 세계의 질서를 지배한 예제(禮制)의 가장 으뜸이었다.

우리나라는 일찍부터 중국의 이러한 예제를 수용하여 통치 질서의 방편으로 삼아왔다. 따라서 역대 왕조는 종묘와 사직을 가장

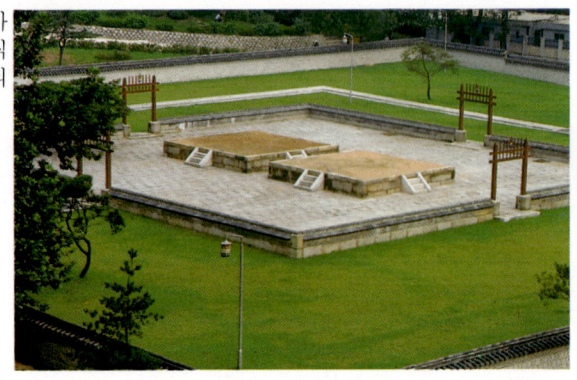

중요한 제사의 대상으로 모셨고 그 시설을 만들고 지키는 데도 각별한 노력과 정성을 기울였다. 우리나라의 종묘와 사직의 제도는 기본적으로는 중국의 제도를 충실히 따랐다. 그러나 산이 다르고 물이 다르면 거기 사는 사람들의 심성도 달라지게 마련이어서 멀리 중원의 제도가 그대로 우리 것이 될 수는 없었다. 자연히 우리나라에 만들어진 종묘와 사직은 중국을 기본으로 하면서도 우리 고유의 기운이 숨쉬는 것으로 만들어지게 되었으며 그것은 특히 종묘에서 더욱 뚜렷이 나타나게 되었다.

조선 왕조 500년 동안 최고의 격식으로 제사를 지냈던 종묘와 사직은 건축 형태에서도 그에 걸맞은 최고의 격식이 요구되었다. 이를 위하여 당시 최고의 기술과 예술적 감성을 갖춘 장인들이 이 건물을 만들어 내는 데 온갖 노력을 기울였다. 이렇게 하여 창출된 종묘와 사직은 중국의 제도를 바탕으로 하면서도 우리나라의 고유한 역사 전개와 우리 조상의 고유한 심성을 살려 만들어진 것이다.

조선 왕조 최고의 예제와 격식이 어떻게 건축적으로 구체화되고 그것이 어떻게 우리의 문화로 자리잡게 되었는지를 살펴보자는 목적으로 이 글은 펼쳐진다.

종묘

종묘 제도

국가 예제의 으뜸인 종묘

삼국시대에 중국의 예제가 어떻게 수용되었는지는 잘 알 수 없지만 고려시대에는 중앙 집권적인 통치 체제를 만들어 낸 성종대에 나라의 여러 제도를 중국식으로 개편하면서 5례를 적극적으로 수용하였다는 사실을「고려사」를 통하여 알 수 있다. 조선시대에 들어와서는 고려시대 후반에 일시 혼란이 있었던 여러 제도를 다시 정비하면서 5례에 대해서도 다시 상세한 내용 규정을 하였는데 세종 때 크게 틀을 잡고 성종 때「국조오례의」를 편찬함으로써 거의 완성을 보았다.

「국조오례의」에 의하면 조선조의 5례는 길례가 역시 첫째를 차지하며 길례는 대사, 중사, 소사로 나뉘는데 대사의 대상이 되는 것은 사직과 종묘이며 중사는 풍운뇌우 곧 비, 바람, 구름, 우레를 맡은 천신과 큰 산이나 강의 신, 농사나 누에를 주관하는 신, 문선왕 곧 공자신과 단군이나 고려의 시조신이 대상이 되고 소사는 날씨와

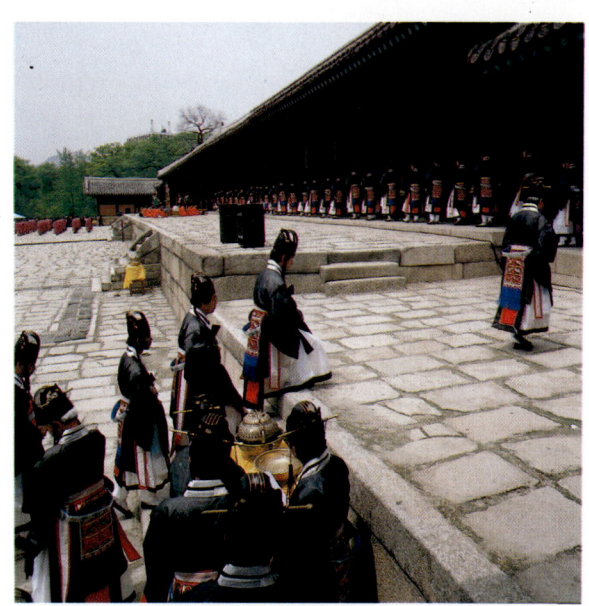

종묘 제례　조선시대의 여러 국가 제례 가운데 종묘 대례는 가장 격식
이 높은 것이었다. 또한 종묘는 왕실 자체의 상징이기도 하였다.

관계된 영성, 사한과 그 밖에 마조, 선목, 칠사 등이 대상이 되었다.
따라서 사직과 종묘는 조선시대에 예제의 대상 가운데 가장 중요시
한 것이었다.

　한편 길례 대사의 대상인 사직과 종묘는 조선시대에는 그 장소가
반드시 하나로 국한된 것은 아니었다. 사직단은 물론 도성인 한양
곧 지금 서울에 있는 것이 국왕이 직접 제사를 드리는 가장 격이
높은 곳이지만 전국 각 지방 군현에도 반드시 한 곳에 사직단을
마련하여 지방 수령이 일정한 때에 제사를 지내도록 하였다.

　또한 종묘는 물론 도성 한 군데밖에 없는 것이지만 종묘와 유사한
기능을 가진 시설이 일부 다른 곳에도 있었다. 종묘는 선왕의 신위
를 모시고 일정한 때에 일정한 법식에 따라 제사를 지내는 곳인데
조선시대에는 이러한 유형의 제사를 종묘 이외의 장소에서도 지냈

던 것이다. 우선 왕조 초기에 태조와 태조비인 신의왕후를 제사지내던 문소전이 있었고 그 밖에 개성의 목청전, 영흥의 선원전, 평양의 영숭전, 전주의 경기전, 경주의 집경전 등 왕의 영정을 모신 건물들이 있었다. 이들 건물에서 하는 제사는 '속제'라고 불러 그 격이 종묘와 같지는 않았지만 왕이 직접 제사를 지내는 것이여서 소홀히 다룰 수는 없었다. 그 밖에 길례 중사나 소사는 모두 그 해당되는 제사 장소가 마련되어 있었고 가례는 대개 궁궐의 외정전이나 내정전에서 행사가 치러지고 빈례는 모화관에서 치러졌다. 궁궐 안의 군례와 흉례 역시 주로 궁궐에서 치러졌다.

이처럼 사직과 종묘는 5례 가운데서도 가장 중요하게 취급된 예제의 대상이었다. 특히 서울의 사직단과 종묘는 예제의 측면에서만 본다면 그것은 오히려 궁궐보다 더 높이 존숭되었다고도 말할 수 있다.

중국의 종묘 제도

5례가 이미 고대 중국에서부터 성립되었듯이 종묘 제도 역시 그 근간은 주례에서 비롯된다. 다만 선왕에 대한 제사라는 것이 현실적으로 그렇게 간단한 것이 아니었던 만큼 실제의 종묘 제도는 어느 왕조에서나 통일되어 있었던 것이 아니고 시대에 따라 또는 왕조의 사정에 따라 상당히 복잡한 양상을 띠었다.

중국의 오래 된 종묘 제도는 대체로 「예기(禮記)」의 기록을 전거로 하고 있으나 후한대에 들어와 「예기」에 적힌 것과 상반되는 변형된 제도가 채택되면서 내용상의 혼란이 초래되었다.

우선 「예기」에서 명시하고 있는 종묘 제도를 보면 "천자는 7묘로 3소 3목에 태조의 묘를 더하여 7이 되며 제후는 5묘로 2소 2목에 태조의 묘를 더하여 5가 된다"고 하였다. 여기서 소목이란 태조의 묘를 중앙에 놓고 2세, 4세 또는 6세를 왼쪽에 두어 소라고 하고

3세, 5세 또는 7세를 오른쪽에 놓고 목이라고 부른 것으로 이 소목제는 묘제의 기본이었다. 소목제 아래서는 각 묘는 독립된 건물을 별도로 갖고 있었으며 또한 각 묘는 전묘후침(前廟後寢)이라 하여 앞에 신위를 모신 묘를 두고 뒤에는 의관 등을 보관한 침(방)을 따로 두었다.

그러나 후한대에 들어와 묘제에는 전혀 색다른 변화가 나타났다. 후한의 명제는 자신의 신위를 위해 따로 묘를 세우지 말고 선왕 광무제의 묘에 안치토록 유지를 남겼다. 그리하여 종묘 제도에는 이른바 동당이실 제도가 나타나게 된 것이다. 동당이실 곧 건물은 같이 쓰고 그 안에 실만 따로 하여 여러 신위를 한 지붕 아래 함께 모시게 됨에 따라 종전과 같이 신위가 각각의 묘에 모셔질 때 지켜지던 소목제도 변화하게 되었다. 곧 서상(西上)의 개념이다. 서상이란 서쪽 끝을 제일 높은 위치로 하고 그 오른쪽으로 차례로 신위의 순서를 정하는 것을 말하는데 서상 원칙이 생기게 되자 종래의 소목 원칙은 유명무실한 것이 되고 말았다.

후한 명제의 동당이실, 서상의 묘제는 아주 파격적인 것이었다. 이 제도는 따로따로 모시던 신위를 한 건물 안에 모아 놓는 것이므로 종묘의 격하가 아닌가 하는 생각도 들게 하지만 한편으로는 5세 이상의 신위도 모두 함께 봉안한다는 의미도 있다. 후한대에 동당이실 제도가 나타난 이후 중국의 역대 왕조에서는 대체로 이 제도가 지배적인 것이 되었으며 다만 신위의 배열에서는 소목제가 준용되기도 하였다.

우리나라의 종묘 제도

고려시대 이전의 종묘 제도 「삼국사기」에 의하면 신라는 기원 6년에 시조묘를 세웠고 유리이사금이 시조묘에서 친히 제사를 드렸다고 하며 고구려도 시조 동명왕묘를 세웠고 고국양왕 때는 종묘를 수리하였다는 기사가 있다. 백제도 온조왕 때 동명왕묘를 세웠고 또한 국모묘를 세웠다고 한다. 이러한 기록으로 보아 종묘 제도는 이미 삼국시대부터 시행되었음을 알 수 있다.

고려시대에는 본격적인 종묘 제도가 제5대 성종 때 제도화되었는데, 성종은 건국 초기의 미약한 왕권을 중앙 집권적으로 강화하고 국가 제도를 중국식으로 개편하였으며 그러한 작업의 일환으로 종묘 제도도 중국의 제도에 따라 새로 마련하였던 것이다. 그러나 이때의 종묘는 1011년(현종 2) 글안족의 침입 때 불에 타 버리고 1027년(현종 18)에 다시 세워지게 되었다.

재건된 종묘는 시왕인 제8대 현종의 선대 일곱 왕과 추존왕인 재종을 모두 모시어 8실이 마련된 것이었고 제1실에 태조, 제2실에 2대왕 혜종을 모시는 등 이른바 동당이실에 서상의 원칙에 따른 것이었다. 그러나 정종 때에 신위의 배열 방식을 바꾸어 2소 2목으로 태조묘와 더불어 5묘제를 채택하였고 의종 때에는 태조와 공적이 있는 왕을 제외한 5세 이상의 먼 조상을 위하여 따로 별묘를 세우기도 하였다.

이처럼 고려시대의 종묘 제도는 대체로 동당이실제를 택하고 신위는 서상 또는 5묘의 소목제를 택하였다.

조선시대의 종묘 제도 1392년에 조선이 건국된 직후 개경에는 옛 고려의 종묘를 헐고 그 자리에 새로 조선 왕조의 종묘가 건립되었으나 곧이어 수도를 한양으로 옮기면서 개경의 종묘는 철거하고 한양에 새로운 종묘를 마련하였다.

즉위 3년째인 1394년 9월에 왕은 신하를 새 도읍지로 보내어 종묘, 사직과 궁궐 터를 정하도록 하였는데 그 결과 도성 안 해방(亥方)의 산을 주맥으로 임좌 병향 곧 북쪽으로 앉고 남쪽을 향한 터에 궁궐을 정하고 궁궐의 동쪽 2리쯤 되는 곳에 감방(坎方)의 산을 주맥으로 하고 임좌 병향에 종묘의 터를 정하였다. 이때 사직은 종묘와 반대되는 궁의 서쪽에 정하였는데 이처럼 궁을 중심으로 종묘를 왼쪽에, 사직을 오른쪽에 두는 것은 중국 고대 예제를 충실히 따른 것이다.

종묘가 완성된 것은 이듬해인 1395년 9월로 「태조실록」에 적힌 종묘의 규모는 "태묘의 대실은 7칸이며 동당이실로 하였다. 안에 석실 5칸을 만들고 좌우의 익랑은 각각 2칸씩이며 공신당이 5칸, 신문이 3칸, 동문이 3칸, 서문이 1칸이었다. 빙 둘러 담장을 쌓고 신주가 7칸, 향관청이 5칸이고 좌우 행랑이 각각 5칸, 남쪽 행랑이 9칸, 재궁이 5칸이었다"고 한다.

준공된 종묘에는 태조의 사대조로 목조, 익조, 도조, 환조의 신위와 함께 각 부인의 신위가 봉안되었다. 이렇게 하여 종묘는 후한 뒤에 새로 생겨난 형식에 맞추어 동당이실의 7칸 건물로 세워졌다.

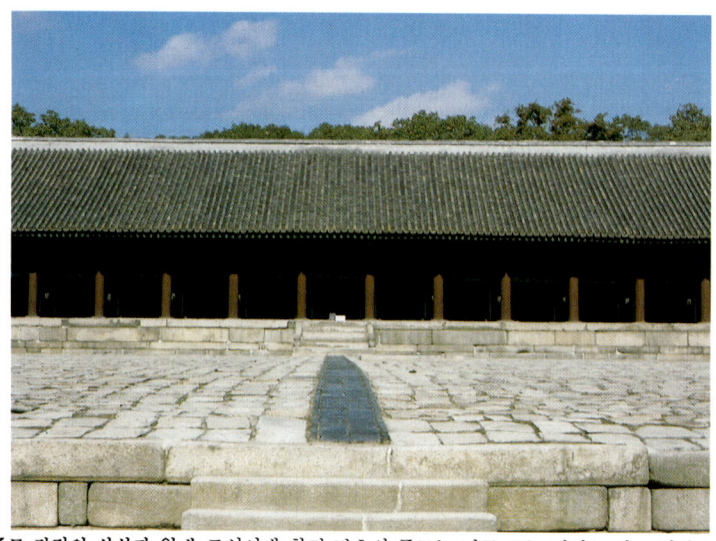

종묘 정전의 신실과 월대 조선시대 창건 당초의 종묘는 지금 보는 것과는 다른 정면7칸의 규모였다. 신위가 늘어남에 따라 건물은 증축을 거듭하여 현재의 모습이 되었다.

다만 중국에서는 종묘 안에 정전과 침전을 두어 정전을 앞에 두고 뒤에 침전을 따로 세우는 것이 상례였으나 침전은 세우지 않았고 공신당과 재궁을 두었을 뿐이었다.

이때 신위의 배열은 비록 건물은 동당이실이었지만 소목제를 택하였던 것으로 보인다. 「세종실록」 '오례의'에 적힌 세종 초의 신위 배열은 목조, 도조, 태조, 익조, 환조 순으로 되어 태조를 가운데에 두고 소목으로 신위를 배열한 것으로 기록되어 있다. 그러나 이 신위 배열은 그 뒤 서상의 원칙으로 바뀌어 태조가 제1실에 모셔지고 이하 서쪽에서 차례로 신위가 모셔졌는데 그 시기는 아마도 별묘인 영녕전으로 태조의 4세 신위가 옮겨진 뒤로 추정된다.

제4대 세종이 즉위하자 종묘에 새로운 변화가 초래되었는데 그것은 별묘인 영녕전의 건립이었다. 세종이 즉위할 때만 해도 종묘에는 태조와 그 4대조의 신위만이 모셔져 있었다. 따라서 석실 곧 신실 5칸이 모두 차 있었다. 그런데 세종 1년에 2대왕인 정종이 승하하고 3년상을 치른 세종 3년에는 드디어 신위를 종묘에 봉안할 시기가 된 것이다. 그러나 신실 5칸은 이미 다 차 있었으므로 신위를 이동해야 했다. 여기서 생각해 낸 방안이 중국 송나라의 예에 따라 새로 별묘를 지어 태조의 4세 신위를 봉안하는 것이었다.

별묘는 성전 바로 가까운 서쪽에 지었는데 정전 4칸에 좌우로 익실 각 1칸을 더한 것이었다. 별묘의 이름은 조종과 자손이 길이길이 평안하라는 뜻으로 영녕전이라 하였고 우선 이곳에 목조의 신위를 옮겨 모셨으며 정전에는 익조를 제1실로 옮기고 5실에 새로이 정종과 안정왕후 김씨의 신위를 봉안하였다. 그 뒤 영녕전의 정전 4칸에는 목조, 도조, 익조, 환조의 4세 신위를 봉안하게 되었으며 이 네 신위는 마지막까지 변동없이 그 자리를 지키게 되었다.

이와 같이 조선시대의 종묘는 후한 이후의 중국에서 시행된 것에 바탕을 두고 여기에 별묘 제도를 역시 중국의 예에 따라서 채택하여 건립되었다. 그러나 조선 왕조는 500년 동안이나 지속되었고 그 사이에 27대나 되는 많은 왕을 거쳤기 때문에 자연히 종묘는 부족한 신실을 채우기 위하여 증축에 증축을 거듭하지 않으면 안 되었고 그 결과 조선조 종묘만이 갖는 독특한 건축 구성을 하게 되었다. 또한 거기에다 건물의 재료나 형식에서도 중국과는 다른 독특한 요소들이 갖추어지게 되어 고유한 건축 형태로 전개되었다.

조선시대 종묘의 연혁

태조 4년에 완성된 종묘는 창건된 위치를 고수하면서 27대에 걸친 많은 왕과 왕비들의 신위를 모신 조선시대의 가장 존중받는 건물로 존재하여 왔다. 그러나 그 사이 외적의 침입으로 건물이 전소되었다가 재건되는 수난을 겪기도 하였으며 계속 늘어나는 왕들의 신위 때문에 수차례에 걸쳐 증축을 하여 처음 7칸으로 지었던 정전은 마지막에는 19칸의 긴 건물이 되었고, 영녕전도 처음에 정전 4칸에 협실 각 1칸이던 것이 마지막에는 협실이 각 6칸으로 늘어났다. 또한 정전과 영녕전 주변의 부속 건물들도 시대의 흐름에 따라 달라졌다.

창건에서 첫번째 증건까지

태조 4년 창건될 때의 종묘는 앞에서 본 대로 동당이실의 대실 7칸에 좌우 익실 2칸이 달린 정전과 공신당, 신문, 동문, 서문 외에 신주 향관청이 있는 규모였다. 창건 뒤 태조 재위 때에는 종묘 남쪽에 가산(假山)을 만드는 것말고는 이렇다 할 변화가 없었다.

제3대 태종은 즉위 뒤 종묘에 약간의 시설을 추가하였으니 태종 9년(1409)에 종묘 남쪽에 가산을 증축하였고 이듬해에는 정전에서 제사 지낼 때 비를 피할 곳이 없다 하여 동, 서에 상 곧 행랑을 지었으며 창건 당초 정전 울타리 밖에 있던 공신당은 정전과 멀리 떨어져 있어 제사에 불편하다 하여 담장 안 동쪽 계단 아래로 옮겼다. 또한 왕 13년에는 향관청 건물이 재전보다 높다 하여 낮은 곳으로 옮겼으며 왕 16년에는 종묘에 북문을 새로 내어 창덕궁에서 바로 통하는 통로를 열었다.

그 뒤로 세종 때 별묘인 영녕전을 새로이 지은 것말고는 종묘는 별다른 변화없이 제12대 인종까지 약 150년의 세월을 보냈다. 이때까지 종묘의 모습은 성종 때 편찬된 「국조오례의」라는 책에 간단한 그림이 실려 있어서 대체적인 윤곽을 살필 수 있다.

이 책에 실린 '종묘전도'를 보면 우선 종묘 정전은 정전 일곽과 그 오른쪽 아래에 재궁이 있고 위에 신주가 있으며 정전 담 밖 오른쪽에는 네모난 연못이 있다. 정전은 사방에 네모난 울타리가 있고 남쪽과 동서에 문이 나 있는데 남쪽 문이 신문이고 동쪽이 제관이 출입하는 문이며 서쪽은 일반인이 출입하는 문임을 알 수 있다. 담 안에는 거의 마당을 다 덮을 정도의 크기로 네모난 월대가 마련되고 다시 뒤쪽에 상월대가 놓였는데 월대의 한가운데로 신문에서 가운데 계단 사이로 신로가 그려져 있다. 이 길은 사람이 다닐 수 없는 신령만이 지나는 신성한 통로이다.

정전은 상월대 뒤쪽에 남쪽을 향하여 옆으로 길게 지어졌는데 신실 7칸 부분은 지붕이 높고 좌우로 그보다 지붕을 낮춘 협실이 이어지며 다시 협실에서 남으로 직각으로 꺾여서 동, 서월랑이 이어진다. 월대 아래로는 동서에 대칭으로 작은 두 건물이 그려져 있는데 오른쪽 것은 바로 태종 때 안으로 이건한 공신당이며 왼쪽은 칠사당이다. 영녕전은 역시 네모난 울타리 안에 자리잡고 담에는 남쪽과 동서에 문이 나 있으며 담 밖 오른쪽 뒤에 신주가 마련되어 있다. 담 안에는 마찬가지로 네모난 월대가 마당 가득히 마련되고

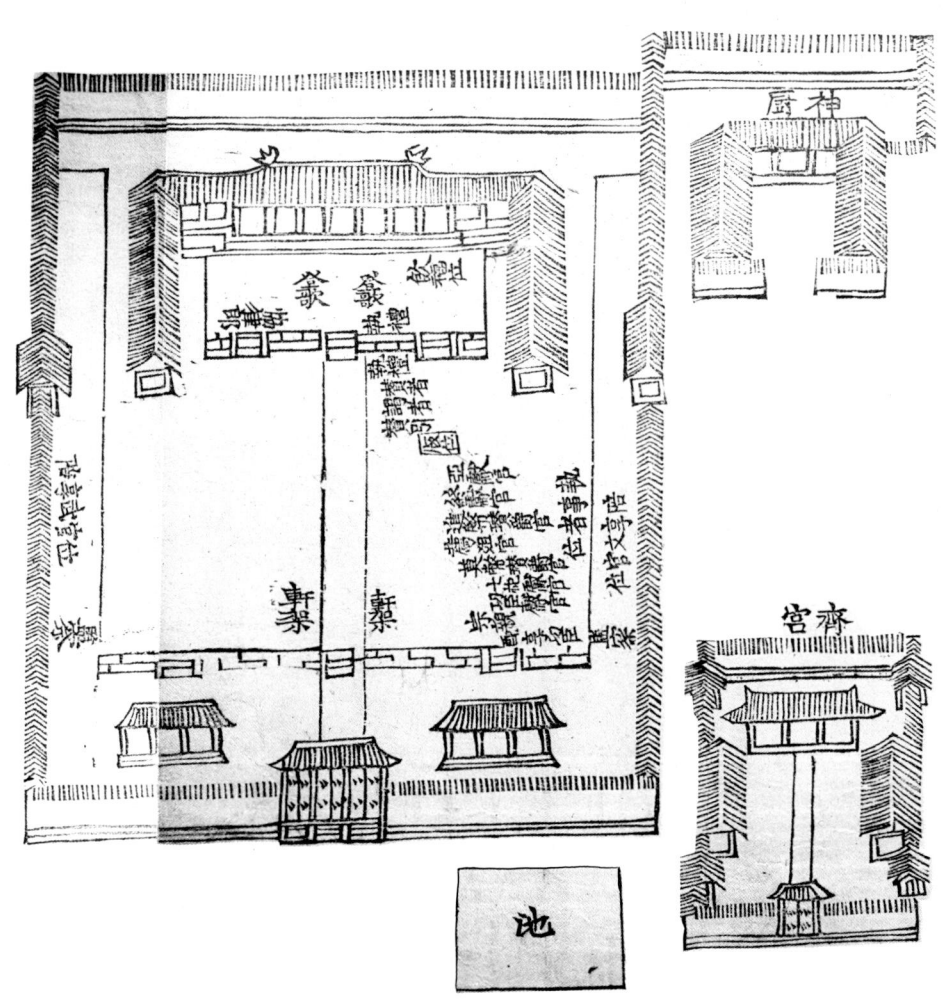

「국조오례의」서례의 종묘 전도 조선 전기(성종 때)의 종묘 정전 일곽의 모습으로
정전은 7칸 규모이고 부속 건물도 간소하다.

뒤쪽에 다시 상월대가 놓이며 상월대 뒤로 남쪽을 향하여 영녕전이 있다. 건물은 정전 4칸은 지붕이 높고 좌우로 지붕을 한 단 낮추어 협실 각 2칸으로 되어 있다.

이렇게 150년을 보낸 종묘에는 그러나 1545년 인종이 승하하고 명종이 즉위하게 되자 다시금 신실의 부족 문제가 대두되었다. 당시의 상황을 「명종실록」 원년 4월 8일의 기록에서 살펴보면 예조판서 윤개와 참판 홍섭이 다음과 같이 왕께 아뢰고 있다.

우리나라 종묘 제도를 살펴보니 「오례도설」에는 비록 태조 1위에 소와 목이 각각 2위씩인 것으로 되어 있지만 현재 세워져 있는 태실이 7칸에 동서로 각각 2칸의 협실이 있는데 태조를 모신 제1칸이 1실, 태종을 모신 제2칸이 2실, 세종을 모신 제3칸이 3실, 문종을 모신 서쪽 협실이 4실, 세조를 모신 제4칸이 5실, 덕종을 모신 제5칸이 6실, 예종을 모신 제6칸이 7실, 성종을 모신 제7칸이 8실이 됩니다. 세의 수로는 이미 5세가 지났으나 태종과 세종은 공과 덕으로 백세 불천지주로 되어 있습니다. 문종은 세조와 1세로 되어 있으나 세조 역시 백세 불천지주이며 또 덕종이 예종과 더불어 1세가 되고 성종이 또 1세가 됩니다. 이제 중종 대왕을 부묘하게 되면 4세를 합하여 4천의 사당이 되는데, 4세 6왕이 바로 2소 2목의 자리로 옮겨져서 위로는 조천할 신주가 없고 아래로는 새로 부묘할 신실이 없습니다. 그러니 증축은 이제 어쩔 수 없는 실정입니다.… 지금 중종을 새로 부묘하고 나면 인종을 또 부묘해야 할 것이므로 반드시 3칸은 증축해야만 되겠습니다.

이 기록은 당시 종묘에 어떤 신위가 어떤 순서로 모셔지고 있었는 지를 잘 알려주는데 신위는 우선 태조를 제1칸에 모시어 서상의 원칙을 따르고 있음을 알 수 있으며 5세를 넘긴 왕 가운데 태종이나 세종처럼 공덕이 있다고 인정된 왕의 신위는 이른바 백세 불천지주라 하여 영녕전에 옮기지 않고 정전에 그대로 두고 있다. 또한 추존한 왕인 덕종의 신위까지 함께 모시고 있다. 이러한 명종 때의 종묘제도를 비판하여 「실록」을 편찬한 사신은 같은 날의 기사 끝 부분에서 다음과 같이 논하고 있다.

당은 같이 하고 실만 달리하는 제도를 후한 이후부터 그대로 써 왔으니 고칠 수는 없는 일이다. 국가의 세대수가 갈수록 많아지고 사당의 간가가 장옥을 이루어서 사시의 대제도 한 사당 안에서 합향할 수 없게 되었으니 이보다 더 구차한 묘제는 없을 것이다.··· 게다가 또 생시처럼 받든다 하여 하루 4, 5차에 걸쳐 음식을 푸짐히 차리느라고 국가 경비의 태반이 소모되고 또 음식을 만드는 사람들이 항시 도마나 솥 곁에 서 있어서 깨끗이 다루기도 어렵거니와 훔쳐 가는 것이 버릇이 되어서 오히려 신명을 더럽히고 있으니 유해 무익한 일이다. 의리로 재단하여 쓸데없는 폐단을 일체 개혁하는 것이 옳을 것이다.

한편 이 날 논의되기로는 정전에 새로 3칸을 증축하기로 하였던 것인데 그로부터 15일 뒤인 4월 23일에는 영의정 윤인경이 왕께 아뢰기를 "종묘가 좁아서 문종께서 협실에 들어가게 되어 사람들이 다 미안하게 여깁니다. 지금 만약 좌우로 나누어서 4칸을 가설한다면 문종도 정실로 들어가게 될 것입니다"고 하여 왕이 아뢴 대로 하라고 답하였다.
이렇게 하여 명종 원년에 와서 종묘 정전은 새로 4칸이 증축되어 전체 11칸의 건물로 늘어났다.

종묘의 소실과 재건

조선 왕조의 건국과 함께 창건된 종묘는 그 뒤 약 200년 동안 영녕전의 시설과 명종 때의 증축을 제외하고는 다른 큰 변화없이 안존되었다. 그러나 1592년 왜적의 침입으로 도성 안의 궁궐들과 함께 건물이 모두 불에 타는 수난을 겪고 말았다. 그해 임진년 4월, 부산에 침입한 왜군이 계속 북상을 거듭하자 왕은 도성을 떠나 평양을 거쳐 의주로 피난하였으며 이때 종묘의 신위도 함께 옮기게 되었다.

서울에 왜군이 쳐들어오자 이미 궁궐은 모두 불에 타 없어졌고 종묘는 건물이 그대로 남아 있었으나 이곳에 주둔하던 왜군은 신령이 머물고 있는 종묘에 기거하는 것을 두려워한 나머지 건물을 모두 불태우고 다른 곳으로 거처를 옮겼다고 한다.

이듬해 10월 왜군이 남으로 쫓겨가고 왕이 환도하여 궁궐과 종묘를 임시로 마련하였으니 궁은 정릉동의 월산대군이 살던 옛집으로 삼고 종묘는 명종 때 영의정을 지낸 명신 심연원의 집으로 삼았다. 이러한 임시 거처 생활은 왕의 환도 뒤에도 약 15년 동안 지속되었는데 전쟁에 따른 나라 살림의 궁핍으로 무리한 조영을 벌이지 않은 까닭이었다.

차츰 전쟁의 재난을 이겨내고 사회가 제자리를 잡아나가면서 제일 먼저 착수된 것은 역시 궁궐이 아니고 종묘의 재건이었다. 종묘의 재건은 이미 선조 28년에 종묘수조도감이 설치되어 추진되었으나 구체적인 작업은 진행되지 못하였고 다시 10년이 지난 선조 37년에 논의가 재개되어 선조 41년(1608) 공사에 착수하였으며 완공은 그해 선조가 승하하고 광해군이 즉위한 뒤에 이루어졌다.

종묘의 재건에 앞서 다시금 종묘 제도에 대한 많은 논의가 있었는데 결국은 예전 제도대로 다시 짓는 방안으로 결정되었다.

재건된 종묘의 규모에 대해서는 숙종 23년에 편찬된 「종묘의궤」

에 수록된 '종묘전도'라는 그림을 통하여 종묘 정전 주변의 대체적인 모습을 살필 수 있다. 그림에 의하면 종묘는 크게 정전 일곽과 그에 인접한 신주, 재궁, 집사청과 영녕전 일곽으로 구분할 수 있으며 이 가운데 재건한 뒤에 한 차례 개수가 있었던 영녕전 일곽을 제외한 다른 부분은 모두 재건 당시의 모습으로 인정할 수 있다.

이 그림에 묘사된 종묘는 기본적으로는 성종 때 그린 「국조오례의」의 그림과 같지만 내용이 보다 상세하고 전에 없던 집사청이 추가되었다. 성종 때 그림과 달라진 부분을 중심으로 보면 우선 정전의 건물 규모는 7칸에서 11칸으로 늘어나 명종 때의 4칸 증축을 확인할 수 있으며 동문 위에는 새로 수복방이 담장에 잇대어 마련된 것이 보인다. 또한 월대 아래 좌우의 건물에 대하여는 오른쪽 것에 '배향'이라고 쓰고 왼쪽 것에 '칠사'라고 적혀 있어서 창건때와 같이 공신당과 칠사당임을 알 수 있다. 한편 부속 건물로는 신주의 건물 형태가 성종 때는 단순한 ㄷ자형이던 것이 여기서는 ㅁ자형에 가운데에 ㅡ자형이 추가된 모습이어서 건물이 달라졌음을 짐작할 수 있다. 집사청은 이 그림에 새로 나타난 것이기는 하지만 창건 때도 향관청이 있었으므로 성종 때 그림에는 빠진 것을 여기에 그려 넣은 것으로 추측된다.

그 뒤의 증축

1608년(광해군 원년) 재건된 종묘는 그 뒤 조선시대가 끝날 때까지 몇 차례의 증축을 겪었다. 첫번째의 증축은 1668년(현종 8)에 영녕전을 개축하면서 협실을 늘리는 것이었고 두번째는 1726년 (영조 2) 종묘 정전의 신실을 4칸 늘리는 것이었으며 세번째는 1834년(헌종 2)에 종묘 정전과 영녕전을 각각 늘리는 것으로 이때는 종묘 정전은 신실 4칸을 늘리고 영녕전은 협실 4칸을 늘리는 것이었다. 이 뒤로 종묘의 증축은 없었으며 그 결과 지금 우리가

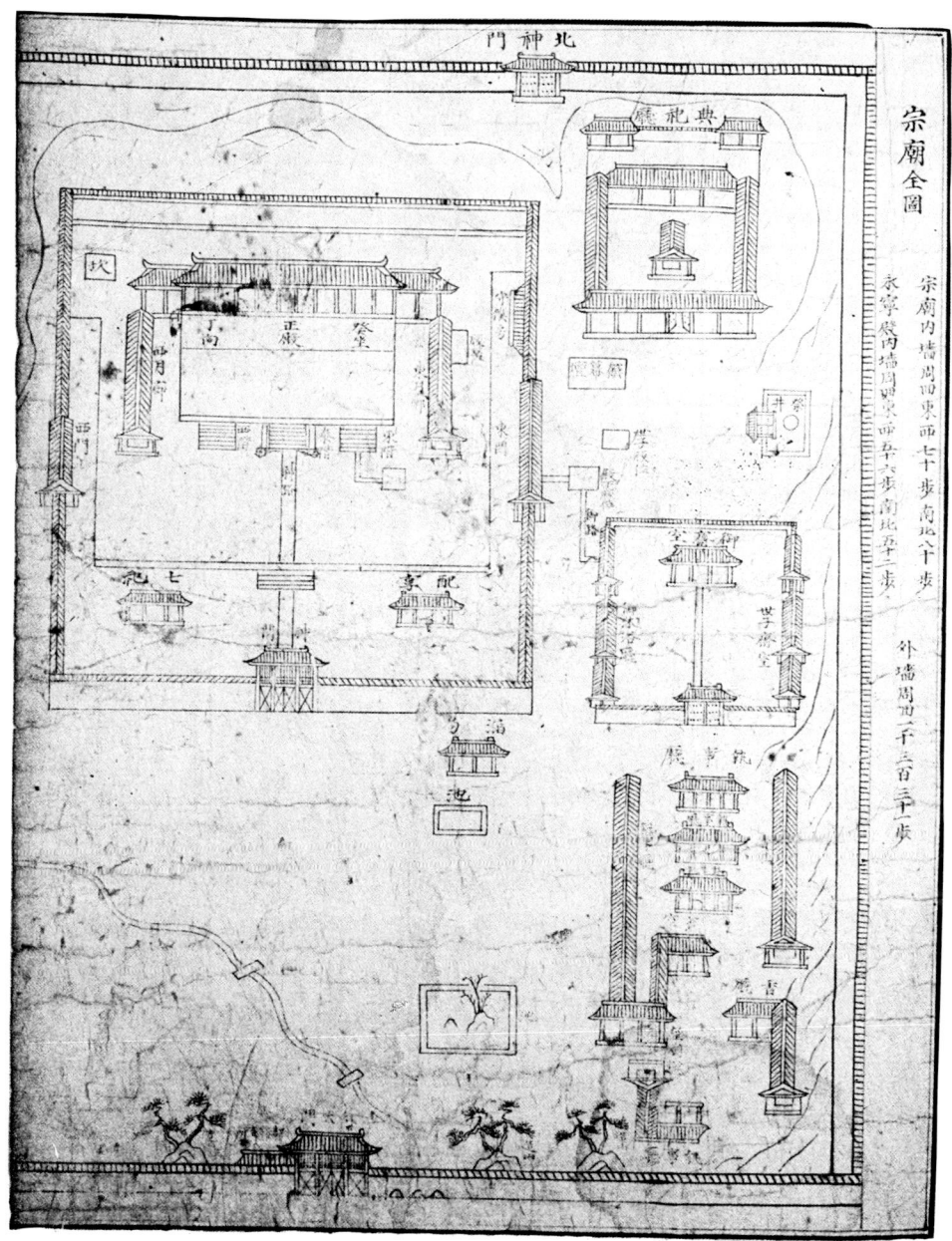

「종묘의궤」의 종묘 일곽 17세기 때의 종묘 모습이다.

대할 수 있는 종묘의 규모는 바로 1834년의 증축 모습이다.

영녕전은 광해군 원년에 종묘를 재건하면서 함께 지어졌는데 재건된 지 60년이 되자 건물의 퇴락이 심해졌다. 서쪽 익실의 주춧돌이 물러나서 기둥이 기울어지고 벽에 틈이 생겨서 손바닥이 들어갈 정도였다는 것이다. 게다가 익실도 좁아서 부득이 영녕전만이라도 다시 짓지 않으면 안 되겠다는 것이었다. 건물을 직접 조사한 병조판서의 건의를 듣고 왕은 영의정 등과 의논 끝에 개축을 허락하고 공사 도중 신위는 경덕궁(후의 경희궁)에 옮겨 놓도록 지시하였다. 광해군 때 함께 지어진 정전은 별로 구조상 문제가 없었는데 영녕전이 먼저 상하게 된 것은 이 건물의 부재가 정전보다 약하였고 지반을 다지는 작업도 허술하였던 때문이 아닌가 추측된다.

개축하면서 아울러 부족한 신실도 좀 늘리기로 결정을 보았는데 기존의 영녕전은 정전 4칸에 좌우 익실이 각 3칸이었던 것을 익실 각 1칸을 늘려 정전 4칸에 좌우 익실 각 4칸으로 고쳤다(영녕전은 조선 초기에 창건될 때 좌우 익실이 각 1칸이라고 「실록」에 기록되어 있었는데 현종 8년에 개축하기 위해 구 건물을 철거할 당시에는 익실이 각 3칸으로 되어 있었다. 중간의 증축 과정은 아직 잘 알려져 있지 않다). 이 개축 공사는 원래는 현종 4년에 논의가 모두 끝나고 그해 4월에 바로 공사를 실시할 예정이었으나 그해 가뭄이 심하고 농사철이 다가왔다는 이유로 한두 해 연기하기로 하였으며 일관이 이후의 길년을 꼽아본 즉 4년 뒤인 현종 8년이 길하다고 하여 1667년에 가서 공사를 하였다.

이때의 공사 내용은 「영녕전개수도감의궤」라는 책이 공사 당시 편찬되어 지금 그대로 전하고 있어서 그 전말을 자세히 알 수 있으며 또한 완성된 건물 모습은 「종묘의궤」(숙종 23년)의 '영녕전전도'에 실려 있다. 이 그림을 조선 초기의 「국조오례의」에 실린 그림과 비교하면 건물 모습에 많은 변화를 발견하게 된다. 제일 큰 변화

는 물론 건물의 칸수가 초기에는 정전 4칸에 좌우 익실이 각 2칸이
던 것이 현종 때 것은 정전 4칸에 좌우 익실 각 4칸으로 늘어난
것이지만 주목되는 것은 좌우 익실의 앞에 전에 없었던 동월랑과
서월랑이 새로 그려져 있는 점이다. 이 동, 서월랑은 개축 전에도
있었다고 「영녕전개수도감의궤」에 적혀 있으므로 이 부분 역시
창건 이후 중간에 새로 생겨난 것임을 알 수 있다.

　두번째의 큰 증축 공사인 종묘 정전의 증축은 재건된 지 120여
년 만에 이루어졌다. 이 사이에도 6번의 왕위 계승이 있었으며 그
동안 일부 신위는 증축한 영녕전에 모시는 등으로 신실을 채워 나갔
지만 영조 때 와서는 정전의 증축이 불가피해졌다. 결국 4칸을 늘리
기로 하여 종묘 정전은 모두 15칸의 건물로 바뀌었다. 공사 방법은
기존의 건물은 손을 대지 않기로 하고 기존의 11칸 건물에다 동쪽
으로 4칸을 덧대는 방법으로 시행되었다. 이것은 만약 좌우로 증축
을 하게 되면 서쪽 제일 끝에 모신 태조 신실이 서상의 원칙으로
또 이동되는 우려도 있었겠지만 실제는 정전의 서쪽에 영녕전이
바싹 붙어 있어서 서쪽으로는 집을 늘려 지을 여유가 없었던 까닭이
다. 다만 동쪽으로 정전이 4칸만큼 더 길어짐에 따라 우선 동쪽에
있던 월랑과 동문이나 수복방이 바깥쪽으로 이건됨은 물론이고
건물의 중심이 이동되므로 자연히 신문도 옆으로 옮겨 짓지 않으면
안 되었고 월대도 동쪽으로 늘리고 월대 아래의 공신당 역시 이건해
야 되었다.

　공사는 영조 2년 정월 12일, 신위를 경덕궁으로 이안하면서 시작
되어 4개월 만인 4월 3일에는 공사가 모두 끝나고 다시 신위가 제자
리로 돌아왔다. 이때의 공사 전말은 「종묘개수도감의궤」에 상세히
전하고 있다. 또한 1741년(영조 17)에 작성된 「종묘의궤속록」에는
이때 완성된 종묘 정전 일곽의 그림이 실려 있는데 그 모습은 재건
때와 비슷하고 정전의 칸수가 늘어난 것과 집사청 부분의 건물 구성

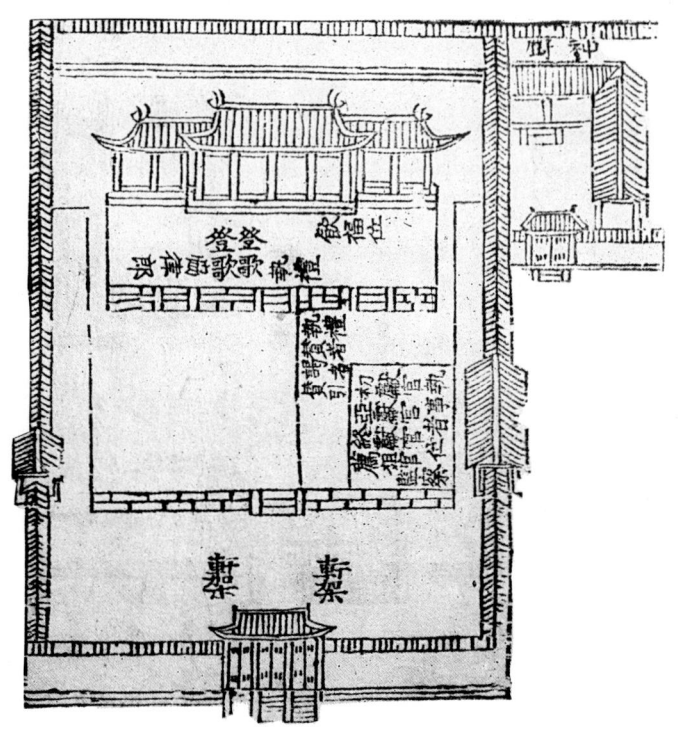

「국조오례의」 서례의 영녕전 조선 전기인 성종 때의 영녕전 모습이다.

이 약간 달라지고 새로 악공청이 추가된 정도이다.

　종묘의 마지막 증축인 헌종 2년(1834)의 공사는 종묘 정전과 영녕전을 모두 증축하는 것이었으며 종묘 정전은 영조 때 개축한 뒤 거의 110년 만에, 영녕전은 현종 때 개축한 뒤 167년 만의 일이었다. 그 사이 왕위의 계승으로 보아서는 정조, 순조 2대에 불과하였지만 장조, 익종 등 추존왕이 있어서 다시 신실이 부족하게 되었던 것이다. 이때에는 정전과 영녕전 양 건물에 각각 4칸씩을 늘리어 신실의 여유를 충분히 잡았으며 그 결과 정전은 19칸 건물이 되었

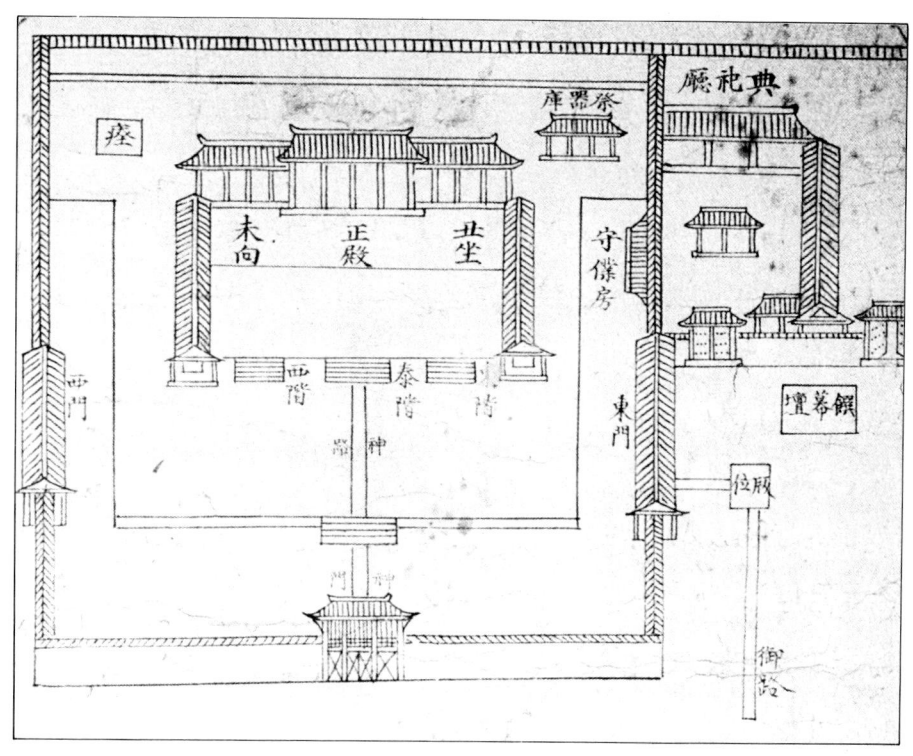

「종묘의궤」의 영녕전 　17세기 현종 때의 영녕전 모습으로 좌우 익실이 2칸씩 늘어났다.

고 영녕전은 성전 4칸에 좌우 익실 각 6칸으로 모두 16칸의 건물이
되었다.

공사 방법은 역시 영조 때의 예에 따라 종묘 정전의 기존 건물을
그대로 두고 동쪽으로 4칸을 덧대는 것으로 하였으며 자연히 기존
의 동쪽에 있던 동월랑, 동문, 수복방, 전사청(전의 신주)이 이건되
고 신문, 공신당도 동쪽으로 옮겼으며 월대도 더 늘어났다.

영녕전의 경우는 정전은 그대로 두고 좌우 익실의 양끝으로 각각
2칸씩 늘리는 방법으로 공사가 진행되었다.

종묘 전체 배치도

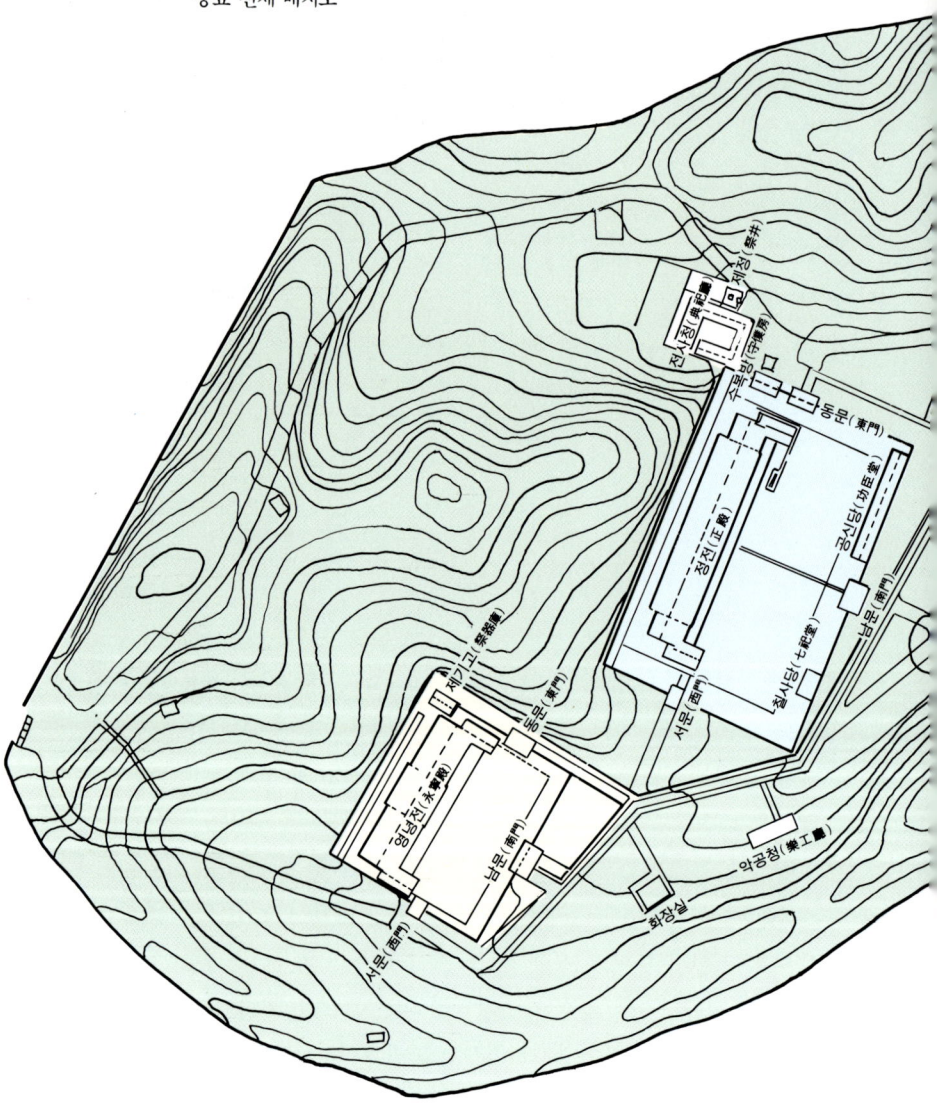

제정(祭井)

전사청(典祀廳)

수복방(守僕房)

동문(東門)

정전(正殿)

공신당(功臣堂)

동문(東門)

칠사당(七祀堂)

남문(南門)

서문(西門)

제기고(祭器庫)

동문(東門)

영녕전(永寧殿)

남문(南門)

서문(西門)

악공청(樂工廳)

화장실

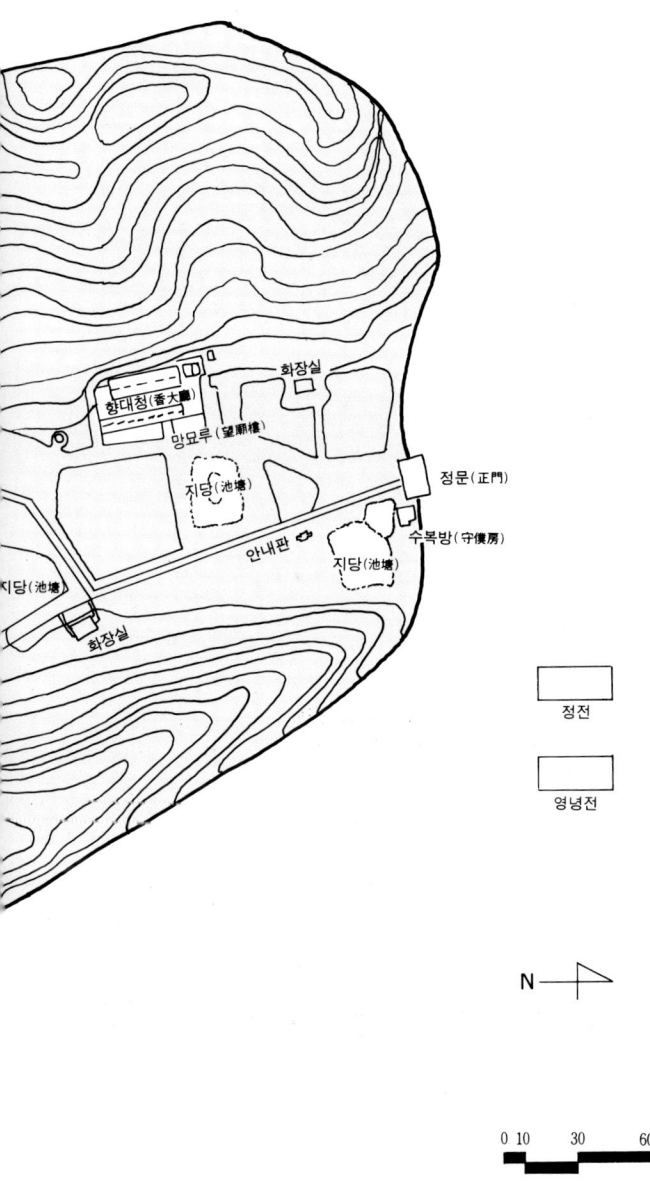

향대청(香大廳)
화장실
망묘루(望廟樓)
지당(池塘)
정문(正門)
안내판
지당(池塘)
수복방(守僕房)
지당(池塘)
화장실

정전

영녕전

N

0 10   30   60 M

종묘 29

따라서 양끝에 있던 동, 서월랑과 동문, 서문, 제기고, 수복방, 전사청, 어제실 등이 모두 좌우 바깥쪽으로 옮겨지고 월대가 늘어났다. 이때의 공사 내용은 「종묘영녕전증건도감의궤」가 전하고 있어 상세한 전말을 알 수 있다.

이 헌종 때의 증건 공사는 종묘의 마지막 증축이었다. 그 중간에 정조 때 공신당을 늘리는 공사가 있었고 그 뒤로도 부속 건물에 대한 부분적인 수보는 있었지만 종묘 정전과 영녕전은 이때의 규모로 지금까지 남아 있다.

종묘의 건축적 특성

입지와 좌향

종묘가 세워진 위치나 건물이 앉혀진 좌향 곧 방위를 보면 이념적으로 철저히 고대 중국의 예제를 따르고 있지만, 실제의 건물 배치나 주변의 지형 여건을 살펴보면 우리나라의 토착적 현실을 적절히 적용하고 있음을 발견하게 된다.

종묘의 위치는 정궁인 경복궁에서 볼 때 그 왼쪽에 있다. 종묘와 반대쪽 위치인 궁의 오른쪽에는 사직단이 마련되어 있는데, 이처럼 궁을 중심으로 묘를 왼쪽에 두고 사직을 오른쪽에 두는 것은 「주례」에서 명문화하고 있는 고대 중국 예제의 기본 질서이다. 또한 종묘의 좌향은 「태조실록」에 궁궐과 같이 임좌 병향으로 정하였다고 한다. 임이란 방위를 나타내는 천간의 하나로 북방을 가리킨다. 병은 임과 정반대의 위치로 남방을 가리킨다. 임좌 병향이란 북쪽에 앉아 남쪽을 향한다는 뜻으로 흔히 말하는 남향을 가리킨다.

종묘는 경복궁과 마찬가지로 북쪽에 앉아 남쪽을 바라보는 좌향으로 정하였던 것이다. 그런데 좌향에 대한 최근의 이론에 의하면

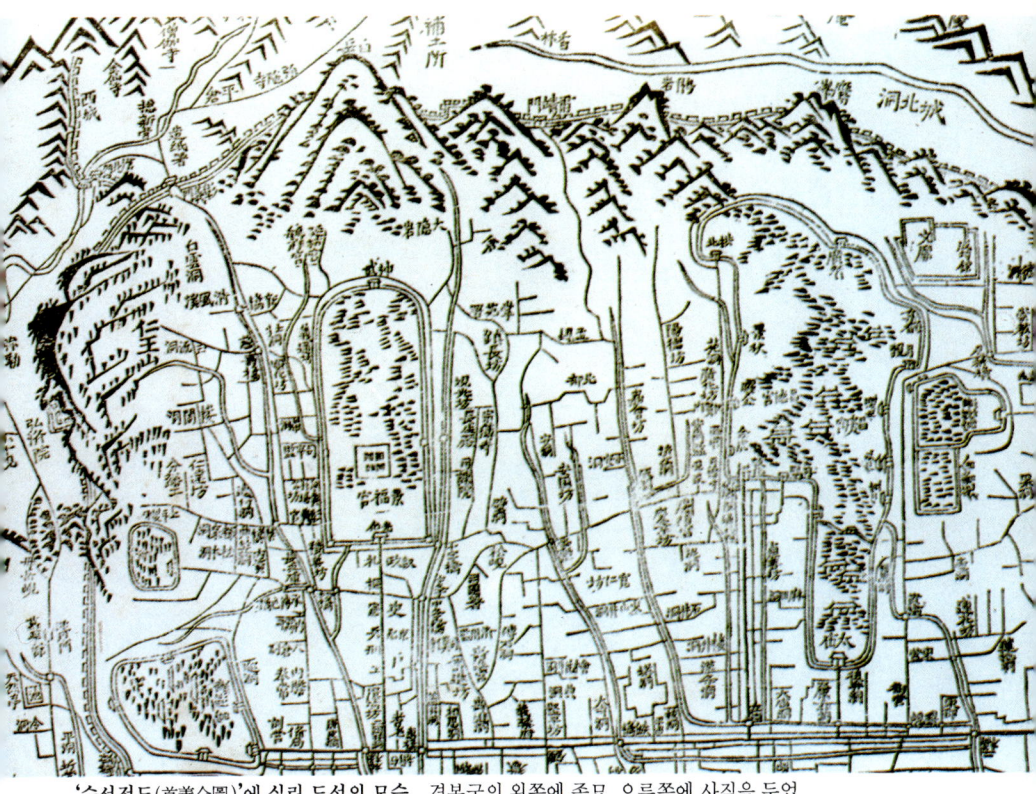

'수선전도(首善全圖)'에 실린 도성의 모습 경복궁의 왼쪽에 종묘, 오른쪽에 사직을 두었
는데 이것은 고대 중국에서부터 지켜져 온 하나의 원칙이다.

고대 중국의 경우 전한 이전에는 서좌 동향을 가장 높은 것으로
여기나가 후한대에 들이오면서 가장 격식이 높은 좌향을 북좌 남향
곧 임좌 병향으로 바꾸었다고 한다. 전한 이전의 도성의 경우 왕성
은 서쪽에 앉아 동쪽을 향하는 것이 일반적인 형태였던 것이 후한
이후부터는 왕성이 북좌 남향하여 북에 앉아 남쪽을 향하여 시가지
를 바라보게 되었다는 것이며 그 변화의 배경에는 전한 이전의 가부
장적 예제가 후한 이후에 와서는 군신의 예제로 바뀐 것이 작용하였
다는 것이다. 결국 후한 이후 중국에서 지배자의 좌향은 북좌 남향

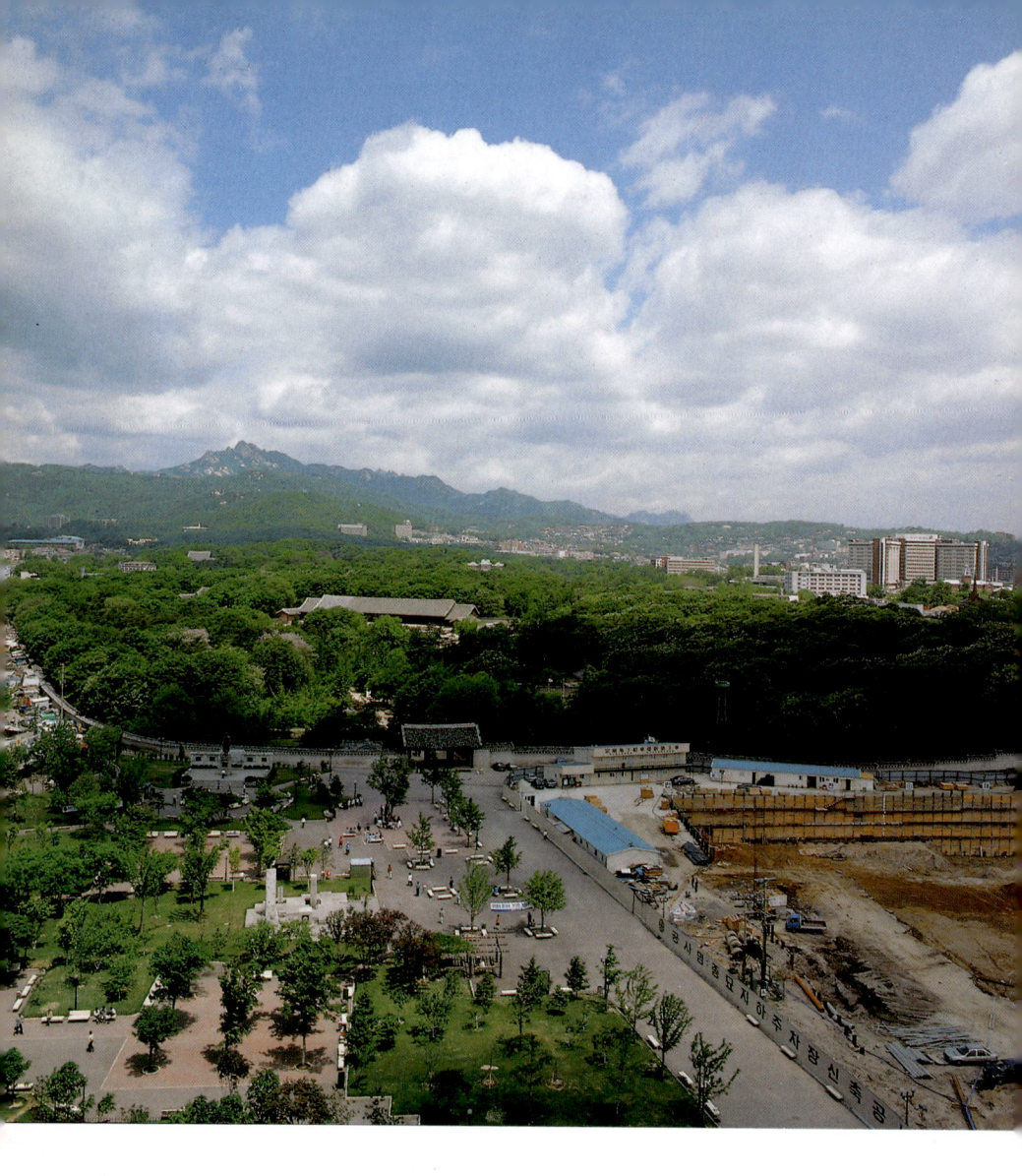

종묘 전경 응봉(鷹峰)을 주산(主山)으로 한 종묘의 모습으로 주산의 맥이 종묘에 이어 진다.

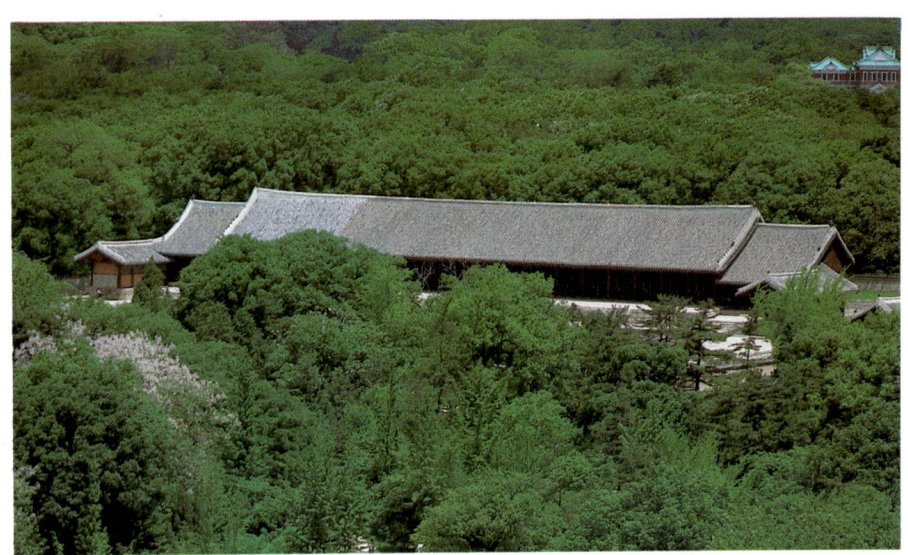
울창한 수목에 싸여 있는 종묘의 모습

곧 임좌 병향이 하나의 원칙이 되었던 것이며 조선 왕조의 경복궁과 종묘의 좌향 역시 의식적으로 이를 따르고 있다고 할 수 있겠다.

그런데 현존하는 종묘의 좌향은 정확히 임좌 병향을 따르고 있지 않으며 그 입지도 한양의 자연 지형을 충실히 반영하여 선택되어 있다. 태조 3년 종묘의 입지와 좌향을 정할 때에 「실록」의 기사에 의하면 "감방(坎方)의 산을 주맥으로 하고 임좌 병향에 종묘의 터를 정하였다"고 하였다. 감이란 8괘의 하나로 방위로는 정북을 가리키는데 정북쪽의 산은 바로 창덕궁 뒤의 응봉을 말한다. 곧 종묘는 응봉을 주맥으로 하여 그 아래로 지맥을 타고 내려온 자리에 세워졌으며 이렇게 지맥을 잇다 보니 종묘의 위치는 경복궁으로 보아서는 동쪽에 치우친 곳에 자리 잡는 결과가 되었다.

반면에 사직단은 경복궁 오른쪽에 근접하게 되었다. 종묘와 사직이 반드시 궁과 거리상으로 대칭되는 위치에 있어야 한다는 원칙은 없지만 한양 종묘의 입지는 궁의 왼쪽인 동시에 주산의 주맥을 이어야 한다는 또 하나의 조건을 만족시키고자 지세에 따른 택지를 함께 고려하였던 것이다.

현재 종묘의 좌향은 정남향에서 약 20도 정도 서쪽으로 기울어져 있다. 본래 임좌 병향은 향으로 보아 정남에서부터 동으로 15도 기울어진 곳까지를 말한다. 현재의 종묘는 좌향으로 말한다면 임좌 병향이 아니고 자좌 오향 아니면 더 정확하게는 계좌 미향이 된다. 그렇다면 「실록」에 임좌 병향이라고 되어 있는 좌향이 어째서 현재는 계좌 미향이 되었을까. 혹시 임진왜란 뒤 재건하면서 좌향이 변경되었을 가능성을 전혀 배제할 수는 없겠지만 "종묘 재건은 구제도를 따르라"고 한 선조의 명을 상기하고 종묘 정전 서쪽에 영녕전이 있다는 점과 종묘의 지형 조건을 고려할 때 재건시 좌향을 바꾸었다는 가정은 도저히 납득키 어렵다.

결국 종묘는 창건 때부터 임좌 병향이 아닌 현재와 같은 좌향이었다고 보는 것이 타당하다고 본다. 그러면 왜 「실록」은 그 좌향을 임좌 병향이라고 했을까. 이것이 바로 중국적 이념과 우리나라 토착의 현실과의 단적인 차이라고 생각된다. 이념적으로는 고대 중국에서부터 북좌 남향을 상징하는 임좌 병향이라는 개념을 수용하지만 현실적인 지형 조건으로 보아서는 이를 적절히 변형시켜 현실에 적용하였던 것이라고 생각되는 것이다.

단순한 건축 형태와 장엄한 공간 구성

종묘 각 신실의 건축 구성은 지극히 단순 질박하다. 이 단순 질박한 각 실이 옆으로 길게 연속되면서 종묘 정전의 전체 공간 구성은 압도적인 장엄함을 당당하게 드러낸다. 이 점은 우리나라의 다른 어떤 건축도 흉내낼 수 없는 종묘만이 갖는 건축적 특성이라고 할 수 있다.

종묘 정전의 각 신실은 건축 구성의 기본 단위이다. 신실은 한 칸으로 되어 있으므로 결국 종묘 정전은 건물 한칸 한칸이 모여서 전체를 이룬다. 한 칸의 구성을 보면 우선 평면에서 제일 뒤에 신위를 모신 감실이 있고 그 앞에 제사 지낼 공간이 마련되어 있으며 그 끝에 판문이 설치되어 문 밖으로 다시 툇간 1칸이 있다. 이것은 제사를 지내는 데 필요한 최소한의 공간 구성이며 또한 그 이상 더는 아무것도 필요치 않는 최대 구성이기도 하다.

　구조체를 이루는 각 구성 부재는 군더더기 장식을 거의 가미하지 않은 단순한 형태를 취하면서 크고 웅건한 맛을 풍겨서 마치 삼국시대의 전각을 대하는 듯한 고대적 감상을 느끼게 한다. 주춧돌은

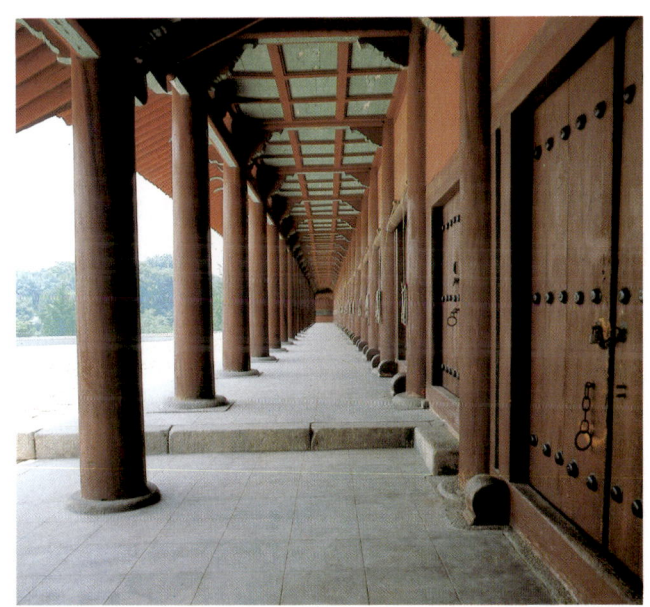

종묘 신실 하나하나의 단순한 구성이 모여 장엄한 전체 구조를 이루는 데 종묘의 건축적 특성이 있다.

아랫부분을 반듯하게 방형으로 가공하고 그 위에 다시 반듯한 원형 주좌를 새겨 올렸는데 그 표면은 거칠게 다듬어 놓아서 네모와 원형의 딱딱한 기하학적 구성을 친근하게 감싸준다. 기둥은 보통 굵기가 40센티미터를 약간 넘는 굵은 것이고 높이는 대개 굵기의 8, 9배를 오가는데 약간의 배흘림 곧 엔타시스가 가미되어 그 웅건한 맛을 더한다. 기둥 위에 짜여진 공포는 익공식이라고 부르는 비교적 소박한 것으로 기둥과 보를 함께 붙잡아 주는 구조적 기능에 충실하면서 약간의 곡선 장식이 가미되어 있다.

내부 가구는 가운데 고주를 둘 세우고 그 위에 대들보를 걸고 다시 그 위에 종보를 올리고 대공을 세워 종도리를 받치는 평범한 것인데 대들보 위치에 우물 천장을 가설하여 지붕 밑이 보이지 않도록 하였다. 서까래는 부연을 달지 않은 홑서까래이다. 웬만한 주택도 사랑채쯤 되면 멋을 내느라고 부연을 길게 달던 당시의 풍조에서 최고의 격식을 갖는 종묘 정전이 홑서까래로 되어 있다는 점은 이 건물의 표현이 무엇을 추구하였는지를 잘 말해 준다. 벽체는 전면 한 칸은 개방되었고 그 안에 아무 장식이 없는 두터운 판문 두 짝을 달았을 뿐이며 문 밖으로 발을 드리우도록 되어 있다. 목재 표면은 울긋불긋한 단청을 칠하지 않고 주칠로만 마감하고 마구리 부분은 녹색으로 칠하여 색채도 극도로 절제하고 있다.

이렇게 신실 한칸 한칸은 모든 부분이 단순하면서도 절제된 엄숙함을 갖고 구성되었으며 이 신실이 19칸으로 길게 연속되면서 종묘 정전의 전체 건축 형태가 구성된다.

정전은 19칸 신실이 있는 곳만 길이가 70미터이며 좌우 협실과 월랑까지 하면 총길이가 101미터에 달한다. 19칸의 정전은 기둥 간격이 모두 일정하고 또한 앞면 1칸이 개방되었기 때문에 20개의 똑같은 독립된 기둥이 열을 지어 늘어서게 된다. 열주 곧 독립된 기둥이 열을 지어 늘어서 있는 모습은 장엄한 의식을 연상시킨다.

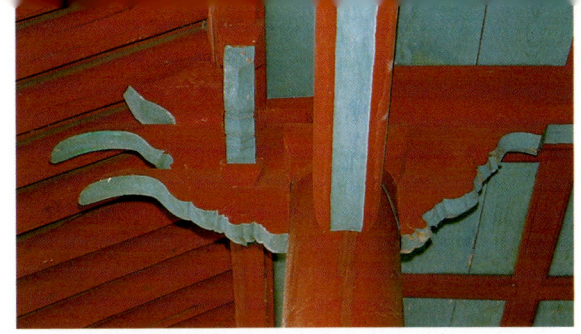

2익공의 공포 구성 기둥 위에 짜여진 간소한 공포는 기능적인 보강과 함께 장식적인 역할도 한다.

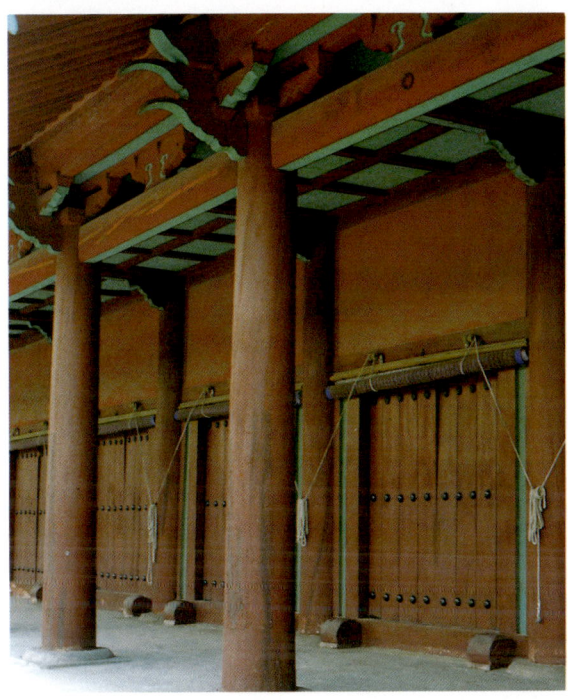

기둥 배흘림을 가미하여 웅장함을 느끼게 한다.

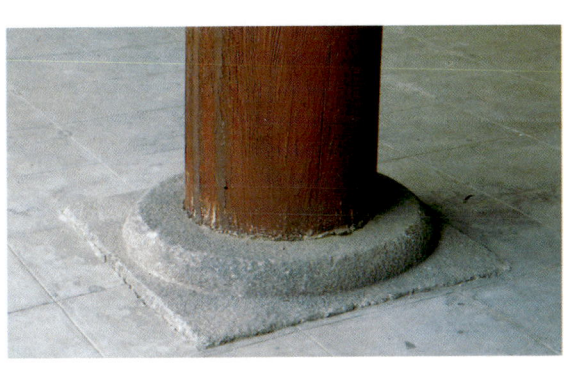

초석 방형 대좌 위에 원형의 주좌를 새긴 초석이다.

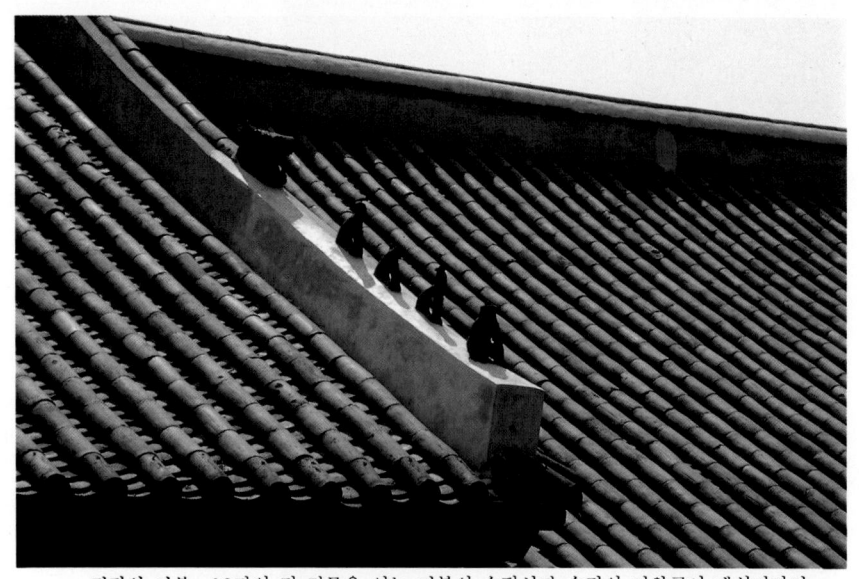

정전의 지붕 19칸의 긴 건물을 잇는 지붕의 수평선과 수직의 기왓골이 매섭기까지 하다. 용마루는 양성을 하여 회칠을 하였고 협실에 이어지는 용마루에는 양성을 한 위에 잡상을 얹었다.

이런 열주 20개가 넓디 넓은 종묘 월대를 바라보며 한 줄로 길게 늘어서면서 한없는 침묵과 정적이 울타리 안을 에워싸고 있다.

지붕 역시 19칸이 옆으로 길게 늘어서는데 지붕을 덮은 수키와, 암키와의 세로로 된 골이 끝없이 길게 옆으로 이어지며 지붕 꼭대기 용마루는 양성을 하여 회칠을 한 흰 선이 긴 수평선을 그린다. 특히 정전의 지붕은 물매가 거의 40도 정도로 가팔라 지붕이 더욱 크게 눈에 띈다.

이처럼 정전은 단순한 구성을 한 각 신실이 모여 하나의 장대한 수평적인 건축 형태를 이룬다. 한편 정전의 양끝은 협실로 이어지고 동, 서월랑이 직각으로 앞으로 꺾여서 정전을 좌우에서 보위하는 형태를 취하는데 그 사이에 큼직큼직한 박석들로 덮인 넓은 월대가 광대하게 펼쳐지면서 정전의 공간은 장대하면서도 엄숙하다.

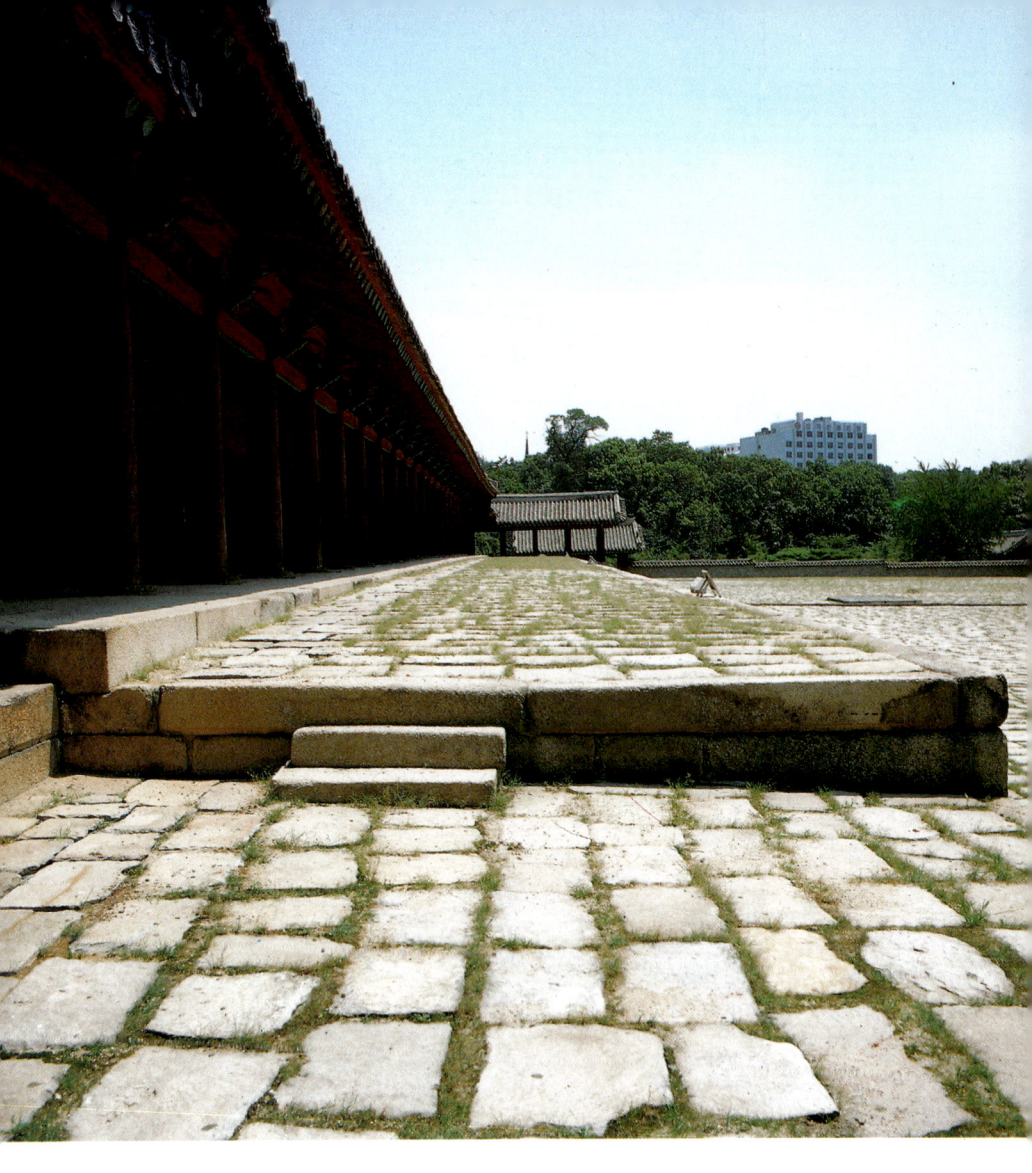

월대 독립 기둥이 도열해 있는 낮고 긴 건물과 박석이 거칠게 깔린 넓은 월대가 정적
과 장엄함을 드러내 준다.

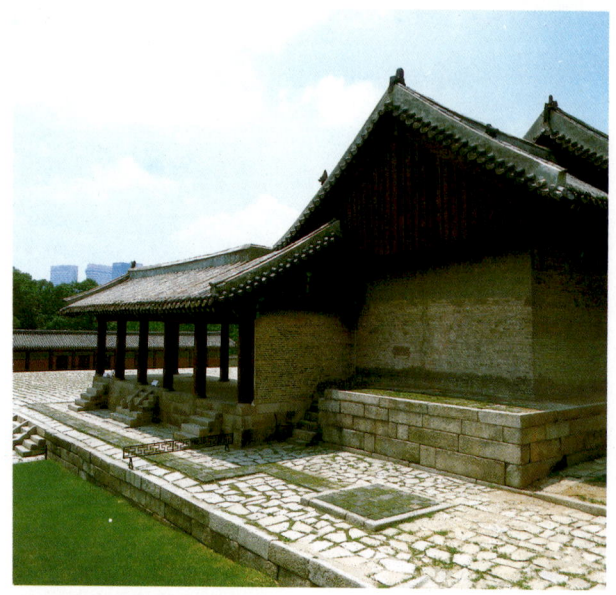

정전　지붕이 한 단 낮은 협실에서 직각으로 꺾여 동, 서월랑이 앞으로
돌출해 있다. 위는 정전의 동쪽 뒷면이고 아래는 서쪽 뒷면이다.

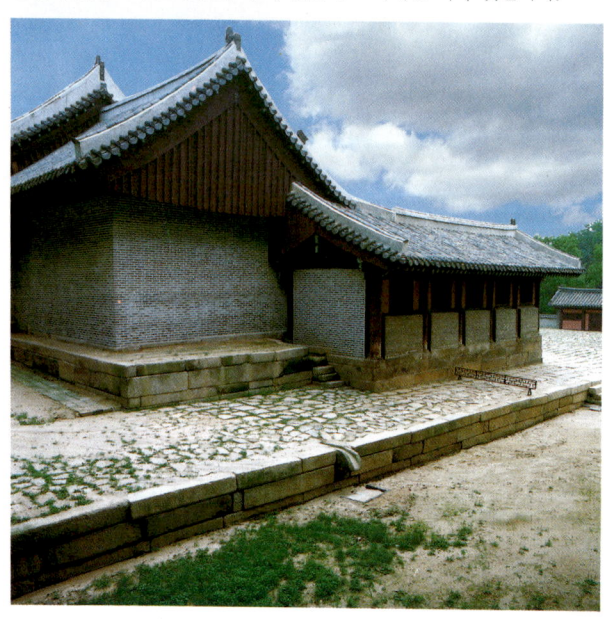

정전 앞의 월대는 2중으로 구성되어 있다. 하월대는 동, 서월랑 양끝에서부터 남쪽 신문 앞까지 정전 울타리 안을 가득 메운다. 그 크기는 동서가 109미터, 남북이 69미터로 단일 월대로 이만큼 큰 것은 우리나라에 다시 없다. 이 넓은 월대 바닥을 한 변 약 45센티미터 정도의 거칠게 다듬은 박석이 빽빽히 깔려 있다. 화강석의 거칠면서도 친근감 있는 질감이 넓은 월대에 쫙 깔리면서 이곳은 억센 손에 투박하게 생긴 연장을 쥐고 막걸리 한 사발에 노랫가락을 흥얼댈 줄 아는 우리나라의 석공들이 아니면 만들어 내지 못할 것 같은 부드러우면서도 엄숙한 공간이 펼쳐진다.

　하월대 북쪽으로는 상월대가 한 단 높게 마련되었는데 역시 박석이 전체 바닥을 덮고 있다. 하월대와 상월대에는 각기 정면 세 군데에 계단이 설치되어 있는데 가운데 계단은 월대 중앙에 남북으로 나 있는 신로와 통하는 것으로 사람이 오르내릴 수 없는 계단이다.

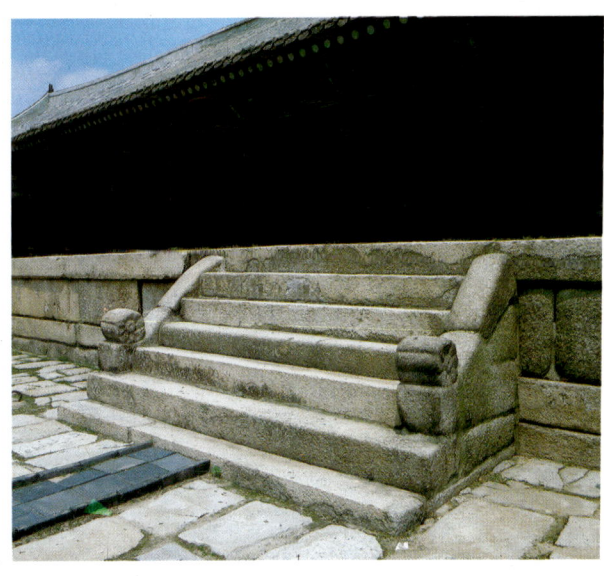

정전 중앙 계단　신로 (神路)에서 이어지며 혼백만이 오르내릴 수 있다.

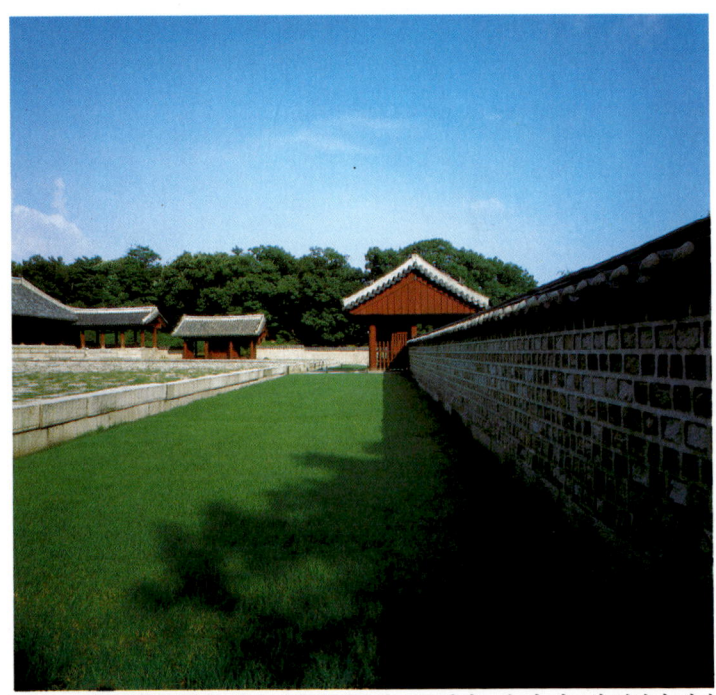

사고석 담장 정전 일곽은 네모 반듯한 사고석으로 쌓았는데 이 사고석 담장이 정전
경내와 바깥을 나누고 있다. 담장의 위에는 기와로 지붕을 덮었는데 사람 키를 훨씬
넘는 높이로 밖에서는 정전의 지붕이나 겨우 보일 정도이다. 이 때문에 정전 안은
더욱 정숙함이 깊어진다.

정전 일곽은 네모 반듯한 울타리로 둘러싸여 있다. 이 울타리는
지대석을 제외하고는 앞뒤 모두 네모 반듯한 사고석으로 꼭대기까
지 쌓아 올렸고 위에는 기와로 지붕을 덮었는데 사람 키를 훨씬
넘는 높이로 밖에서는 정전의 지붕이나 겨우 보일 정도이다. 이
때문에 정전 안은 더욱 정숙함이 깊어진다. 다만 밖에서 보는 정전
의 울타리는 지대석의 큼직한 석재들과 군데군데 마련된 돌로 다듬
은 배수구들, 올망졸망한 무늬를 이루는 사고석의 담장 그리고 그
위의 짧막한 기와 지붕으로 해서 한결 친근감을 느끼게 해준다.

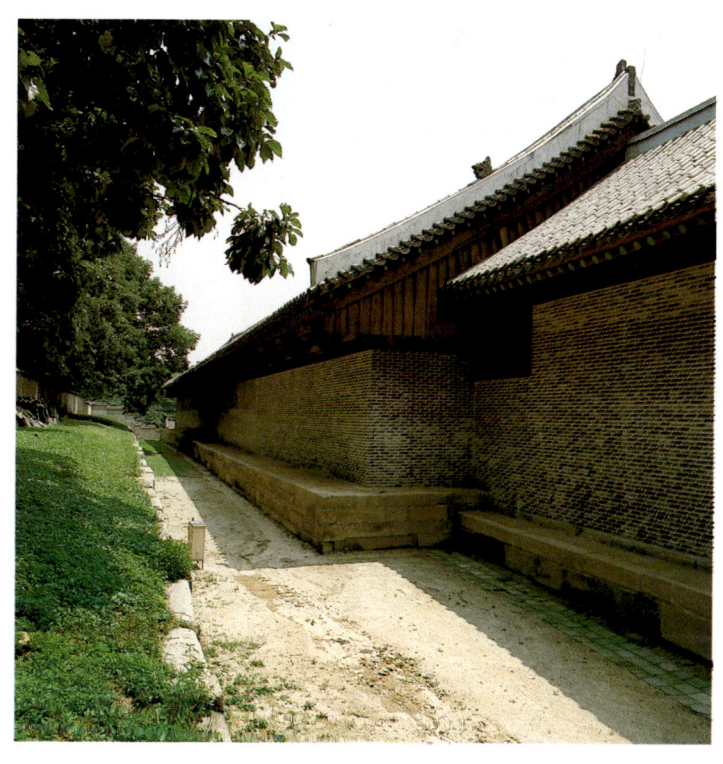

정전 뒷면 화방벽(火防壁)으로 쌓은 정전 뒷면의 모습으로 정숙하고 엄숙해 보인다.

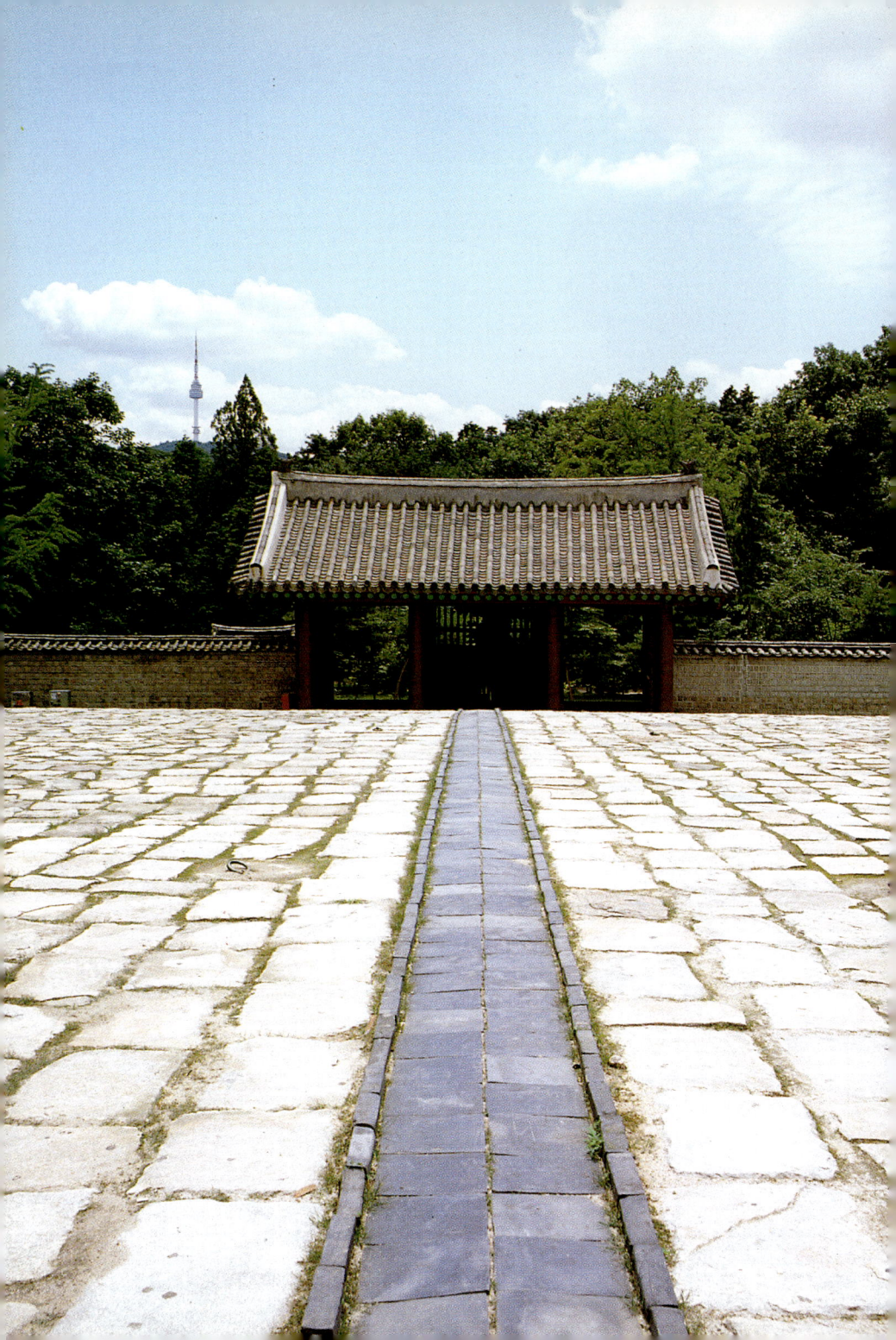

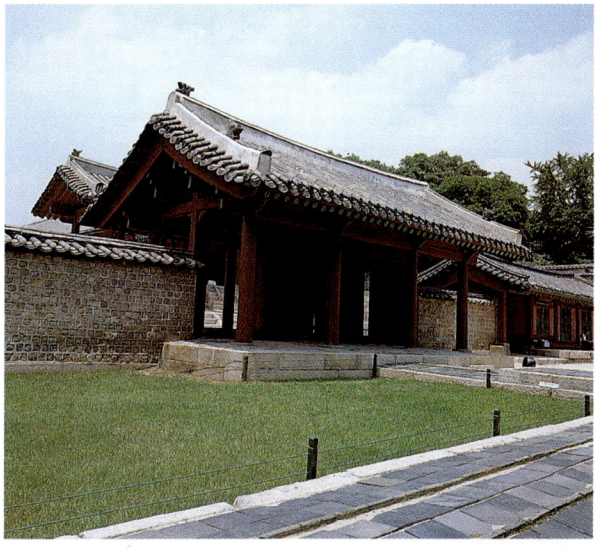

동문 헌관인 왕이 출입하
는 문이다.

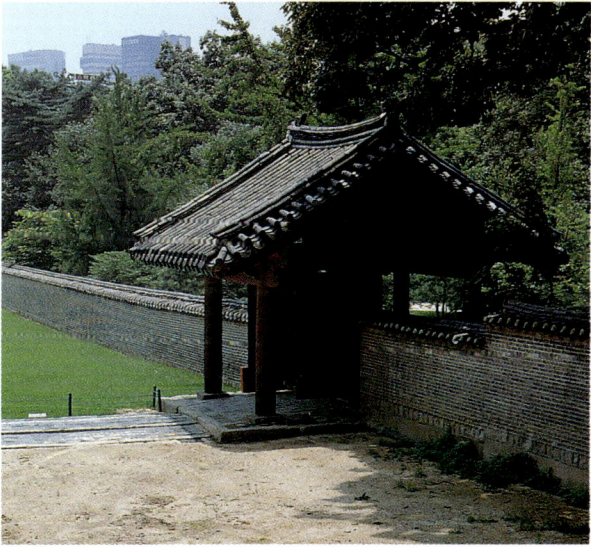

서문 악공 등이 출입하는
문으로 규모에 차이를
두었다.

정전 신로와 남신문 혼백이 출입하는 곳이므로 사람은 다닐 수 없다.(옆면)

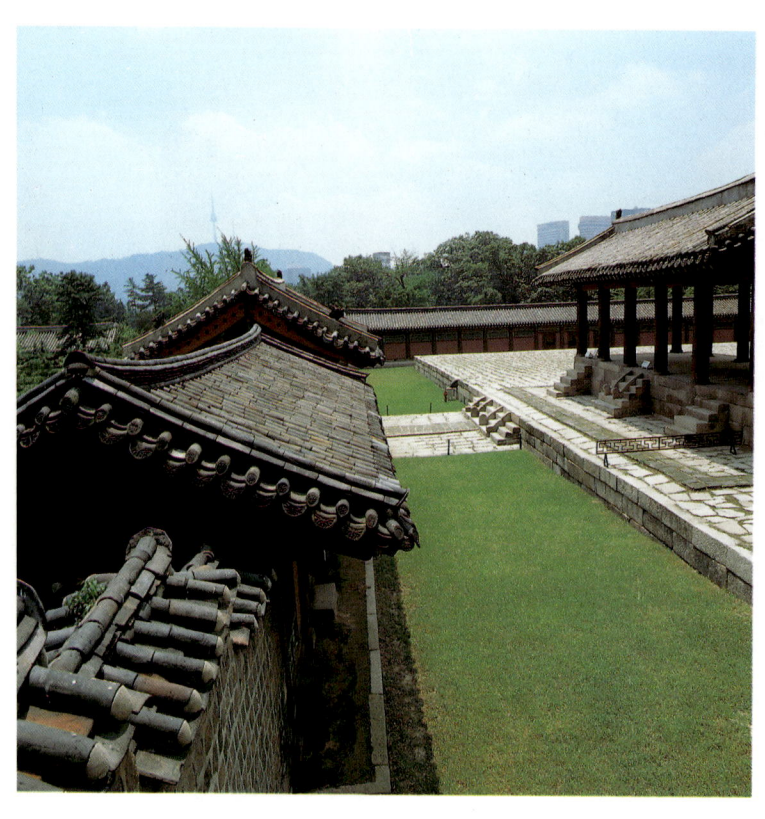

동문과 뒤쪽 재고(齋庫)의 지붕 제사를 집행하는 사람들은 동문을 통하여 동월랑 쪽으로 들어가게 된다.

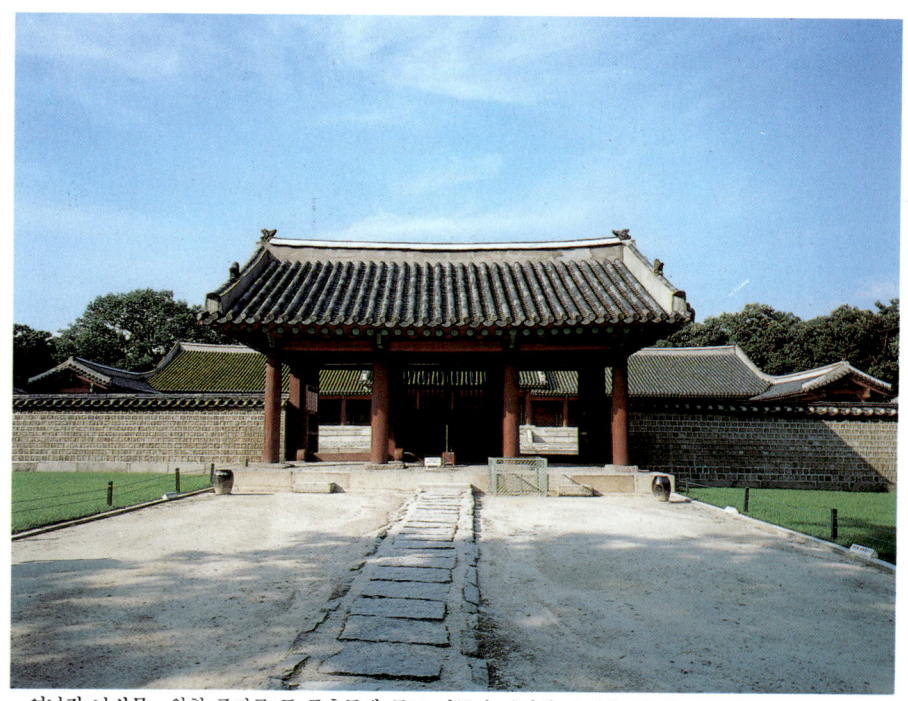

영녕전 남신문 원형 주좌를 둔 주춧돌에 둥근 기둥과 간단한 초각을 한 익공, 두짝 판문 등 세부 구성은 정전과 거의 같다.

　영녕전은 신실 하나하나의 구성은 성전과 크게 나름이 없지만 부재의 크기가 정전보다 약간 작고 전체 건물 규모도 정전보다 작기 때문에 정선에서와 같은 장대함을 느끼기에는 뒤지는 감이 있으나 오히려 그 때문에 공간이 한눈에 쉽게 들어와 친근감을 더해 준다.
　네모난 아랫부분에 원형 주좌를 둔 주춧돌에 둥근 기둥과 간단한 초각을 한 익공을 짜고, 기둥 한 칸은 개방하고 안에는 두 짝 판문을 달고 뒤는 화방벽으로 쌓고 서까래는 부연 없는 홑처마로 꾸미는 등 세부 구성은 정전과 거의 같으며 역시 부재 표면도 단청 없이 간단히 주칠로 마감하였다. 정전과 좌우 익실 앞으로 동, 서월랑이

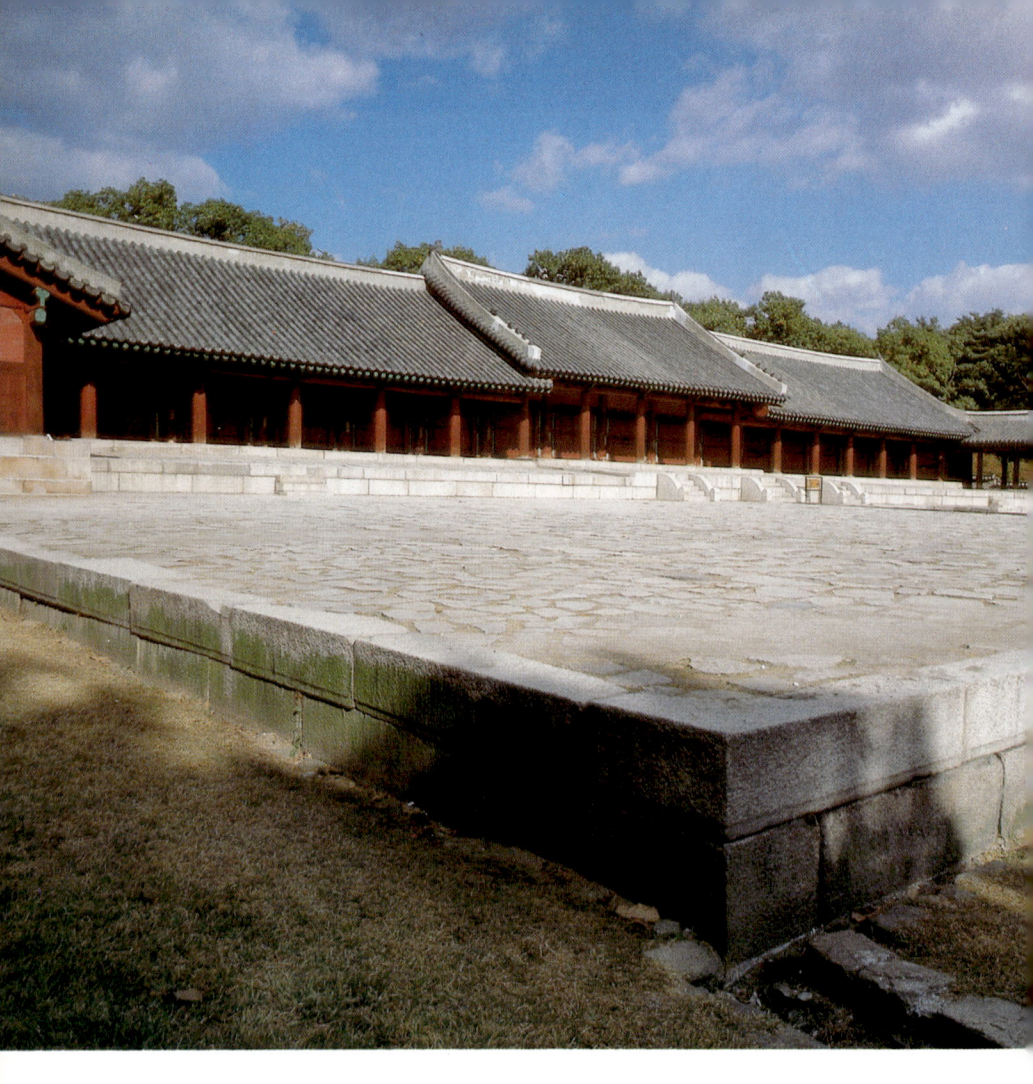

영녕전   정전보다 건물 규모도 작고 부재 구성도 격을 낮추었으나 오히려 전체 공간이 한눈에 들어와서 더 친근감을 느끼게 한다.

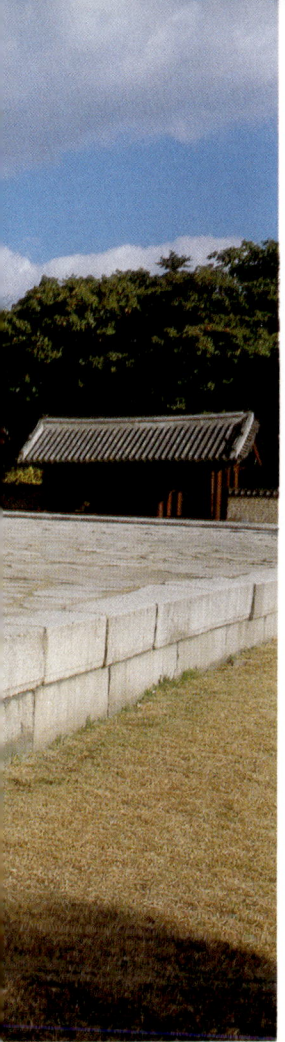

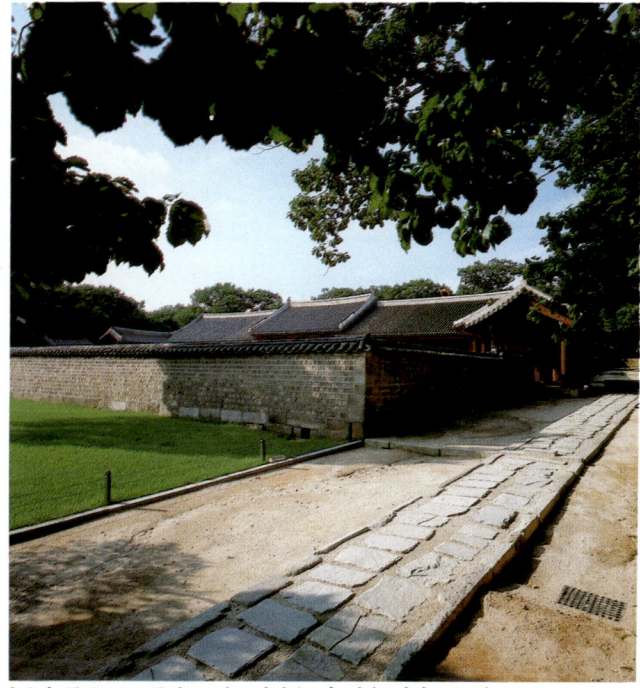

영녕전 동문으로 통하는 길 헌관은 이 길을 따라 동문을
거쳐 안으로 들어간다.

뻗어 나와 ㄷ자 형태를 이루고 그 사이를 박석을 덮은 상, 하월대가
울타리를 가득 메우는 점도 동일하다. 이곳은 부재의 처리나 건물의
규모가 전체적으로 종묘 정전보다는 작지만 건축 공간 자체의 장엄
한 공간 구성은 여기서도 잘 나타나고 있으며 질박하면서도 친근감
있는 장인들의 솜씨는 이곳에서도 유감없이 발휘되고 있다.

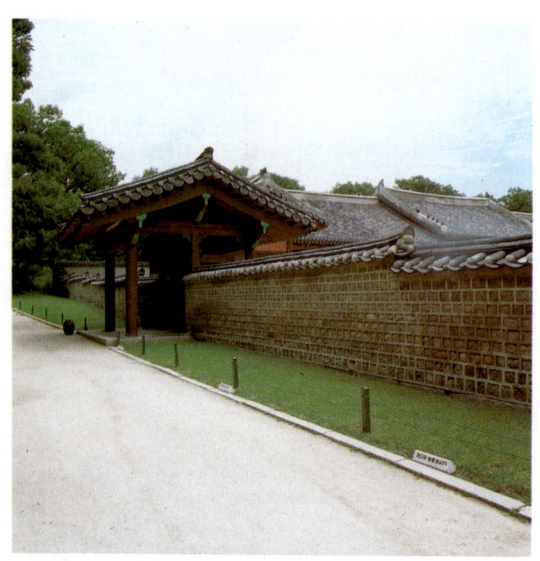

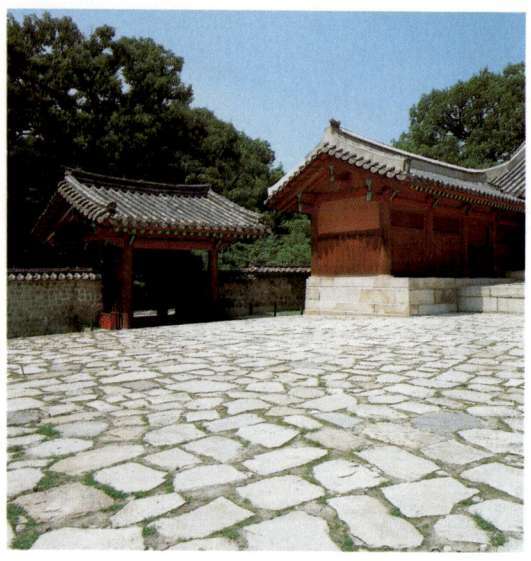

영녕전   위는 영녕전의 서문이고 아래는 박석이 거칠게 깔려 있는 월대와 서월랑, 서문
이다.

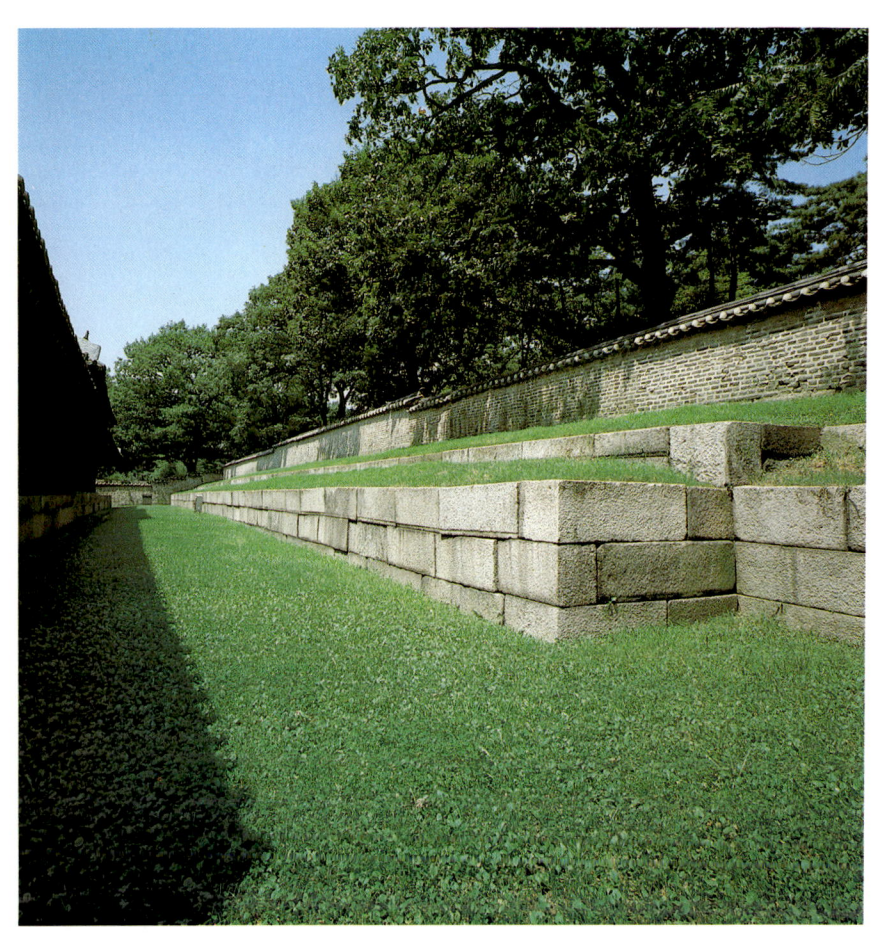

영녕전 뒷면의 석축단 영녕전 뒤에는 화강암 장대석으로 석축을 쌓아 화계와 같은
형식으로 만들었다. 이 석축단이 있는 담장의 뒤로는 수목이 우거진 언덕이 건물을
감싸듯이 자연스레 자리잡고 있다.

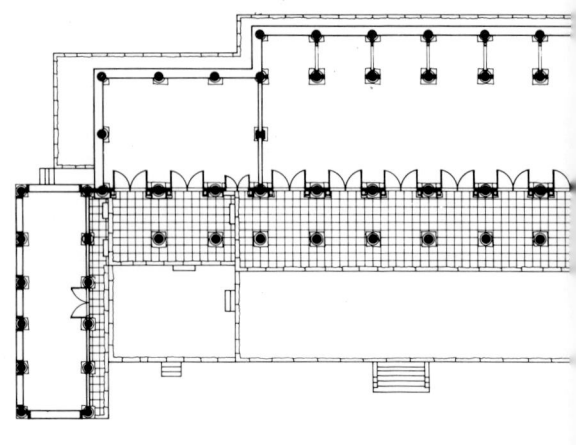

종묘 정전 현상 평면도 본래 7칸이던 정전은 17세기 광해군 때 11칸으로 재건되고 18세기 영조 때는 15칸, 19세기 헌종 때 19칸이 되어 현재와 같은 규모로 되었다.

증축의 흔적들

종묘는 1608년 재건된 뒤 몇 차례의 증축을 거쳤다. 이것은 왕의 신위가 계속 늘어남에 따라 생긴 어쩔 수 없는 일이었지만 그 때문에 종묘는 다른 건물에서 찾아보기 어려운 재미있는 현상을 간직하고 있다. 그것은 증축을 하면서 기존 건물은 그대로 두고 옆에다 새 건물을 덧대는 바람에 흔적들이 건물 여기저기에 남겨지게 되었던 점이다. 더욱이 증축의 시차가 큰 만큼 그 흔적들에는 시대적인 차이도 노출되고 있다.

먼저 종묘 정전 일곽의 증축 흔적을 살펴보기로 하자.

정전이 재건된 것은 1608년 광해군 원년이었고 1726년(영조 2)에는 4칸의 증축과 그에 따른 동쪽에 있던 건물의 이전이 있었다. 마지막으로는 1834년(헌종 2)에 다시 4칸의 증축이 동쪽으로 있었고 역시 동쪽에 있던 부속 건물의 이전이 있었다. 결국 종묘 정전에는 세 시기의 건물이 공존하게 되었다.

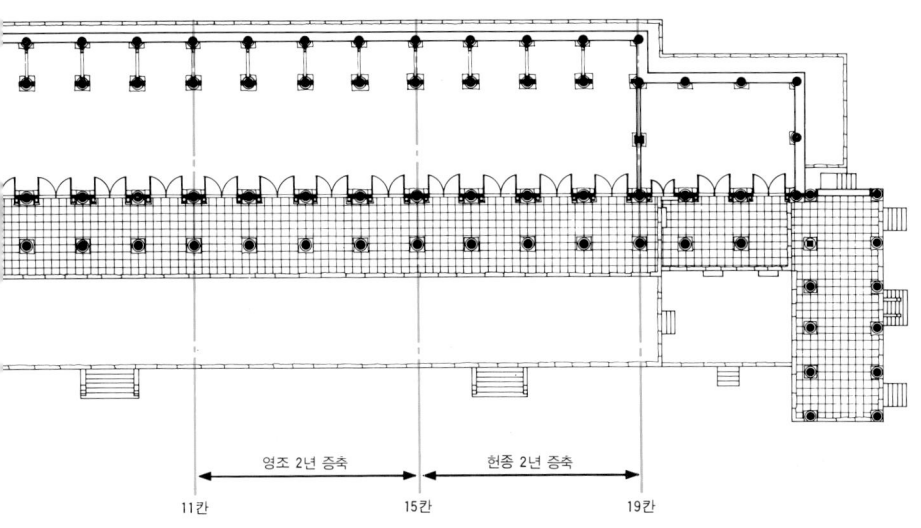

영조 2년 증축   헌종 2년 증축

11칸   15칸   19칸

현재의 종묘 정전에서 어느 부분이 어느 시기의 것인지를 분간하기 위해 각 증축 공사의 내용을 관련 의궤서에서 살펴보면 우선 첫번째 증축인 영조 때의 증축 부분은 정전 제12칸부터 제15칸 사이이다. 이때 동협실, 동월랑, 수복방, 동문 및 남신문, 공신당이 이건되었으나 재목은 예전 건물의 것을 그대로 재활용하였다. 두번째 증축인 헌종 내 증축 부분은 우선 정전의 제16칸에서 제19칸까지이며 이 공사 때는 동월랑(동익각으로도 표기됨)과 동문, 제기고 그리고 남신문을 새 자재를 가지고 다시 지었다. 다만 공신당, 수복방, 전사청은 옛 건물의 자재를 재활용하였다.

당시의 각 증축 공사 내용을 살펴보았을 때, 우선 재건 당시의 부분이 그대로 남아 있는 곳은 정전의 제1칸에서부터 제11칸까지와 서쪽 협실 2칸, 서월랑 그리고 서문이다. 정전 제12칸에서 제15칸은 1726년의 신축 부분이고 제16칸에서 제19칸은 1834년의 신축 부분이며 이때는 동문, 남신문, 동월랑도 신축되었다.

이런 증축 사실을 염두에 두고 건물 세부를 보면 다음과 같은 시대적 차이를 발견할 수 있다. 첫 주춧돌부터 제11칸까지, 제12칸에서부터 가공상의 제15칸까지는 약간의 배흘림이 있다가 제16칸째부터 배흘림이 없어지고 대신 가장 뚜렷이 나타나는 부분인데 우선 제11칸까지 또는 서협실 부분의 익공은 기둥 안쪽의 보아지의 형상이 길이는 길고 높이는 상대적으로 낮은 모습을 한다. 이것은 대체로 고식 보아지에서 공통적으로 나타나는 현상이다.

그런데 제15칸부터 익공의 보아지는 길이가 짧아지고 대신 높이는 높아지는 경향을 뚜렷이 보인다. 밖으로 돌출한 익공의 형상은 대체로 제11칸까지와 거의 같지만 익공 측면에 새긴 곡선 장식인 초각이 역시 달라져 있다. 아무래도 장인의 손이 달라지니까 초각의 모양이 변할 수밖에 없었던 것이 아닌가 짐작된다. 아니면 영조 때의 장인이 의도적으로 초각의 모양을 전의 것과 다르게 하여 자신의 솜씨를 조금이라도 나타내려고 한 결과였는지도 모르겠다.

익공의 형상은 다시 제16칸 이후에 와서 달라지는데 이 부분에 와서는 보아지는 더욱 길이가 짧아지고 높이가 높아지며 익공의 형상이 앞의 것들에 비해 현저하게 변화하고 있다. 이미 재건 당시와는 거의 250년이라는 세월이 흘렀으니 사람의 생각도 변하였고 연장의 쓰임새도 달라졌을 터이므로 아무리 기존 건물에 덧대어 집을 짓는다 해도 그 세부 형상이 같을 수는 없는 것이다.

이처럼 정전에서는 그냥 보아서는 잘 식별이 안 되지만 면밀히 관찰할 때 증축의 흔적들이 뚜렷이 남아 있다. 이러한 흔적은 정전 건물에서 뿐만 아니고 월대에서도 찾아진다. 종묘 정전은 동쪽으로 건물이 늘어났기 때문에 월대도 늘어났지만 월대에 설치한 계단도 그 위치가 바뀌었다. 우선 중앙에 있던 계단은 건물의 중심이 동쪽으로 이동함에 따라 절반쯤 옮겨졌다. 지금 상월대 중앙 계단의 약간 왼쪽에는 원래 중앙 계단을 놓으면서 장대석에 약간 홈을 팠던

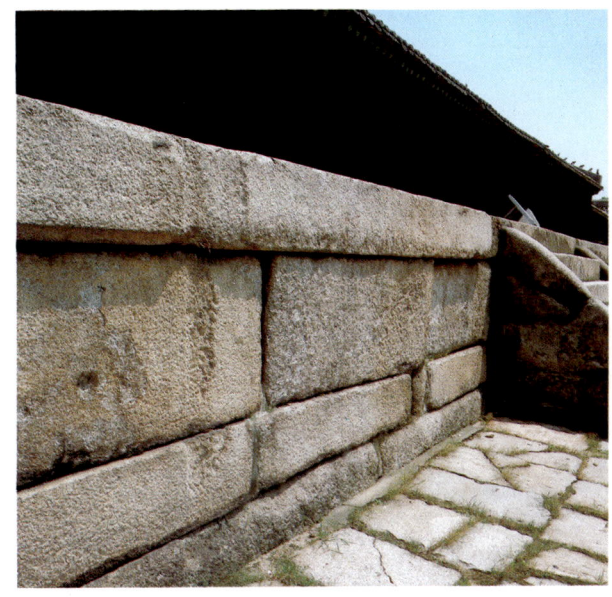

흔적이 남아 있다. 이와 비슷한 홈들이 하월대의 원래 계단이 있던 자리에도 보인다.

영녕전은 1667년에 새로 개축하였으며 1834년 헌종 때 좌우 익실 각 2칸을 새로 덧붙이고 이때 동, 서월랑(또는 익각)도 다시 지었다. 따라서 여기서도 기존 부분과 증축 부분에는 형태상의 약간의 차이가 드러나는데 역시 주춧돌과 기둥의 가공 그리고 익공의 형상에서 차이를 발견할 수 있다.

주변의 건물들

종묘 안에는 정전과 영녕전말고도 여러 부속 건물들이 있는데 17세기에 재건될 당시의 것으로 보이는 서문과 같은 오래 된 것도 있으나 대개는 19세기 이후에 다시 지어진 비교적 연대가 가까운 것들이다. 아래 건물들이 그 가운데 눈길을 끈다.

칠사당 정전 안 월대 남쪽의 왼쪽에 있던 것으로 7사에 제사 지내는 곳이다.

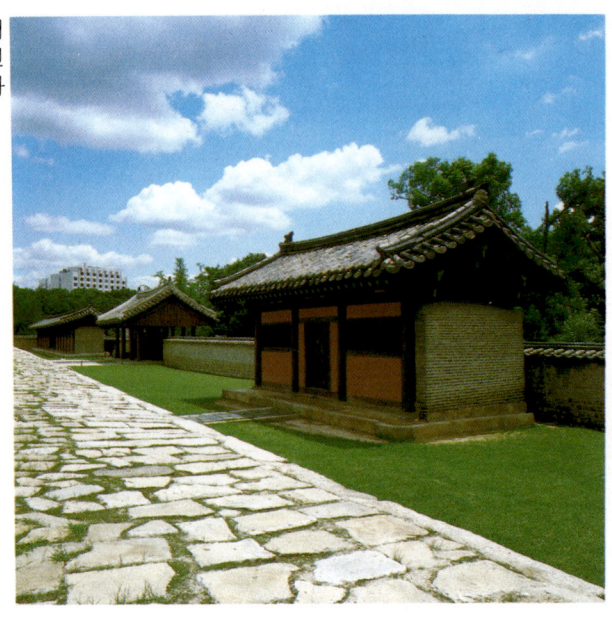

칠사당(七祠堂) 종묘 창건 때부터 정전 울타리 안 월대 남쪽의 왼쪽에 있던 것으로 봄에 모시는 사명과 호, 여름의 주, 가을의 국문과 태여, 겨울의 국행과 그 밖에 중류(中霤)의 7사에 제사 지내는 곳이다 정면 3칸, 측면 1칸의 맞배 지붕 건물로 정면에는 판문과 격자창을 두고 나머지 3면은 전돌로 벽을 쌓았다.

공신당(功臣堂) 조선 왕조 역대 공신들의 위패를 모신 곳이다. 정전 울타리 안 월대 남쪽의 동쪽에 있으며 창건 때는 3칸에 불과하였으나 나중에 9칸으로 늘렸다가 지금은 16칸의 긴 건물로 되었다. 칠사당과 같은 구조 형식으로 매우 간소하게 되어 있는데 왕의 신실과 한 울타리 안에 있어서 일부러 그 형식을 낮추었다고 생각되며 16칸이라는 보기 드문 건축 형태임에도 불구하고 정전에 와서도 자칫 그냥 지나치기 쉬운 건물이다.

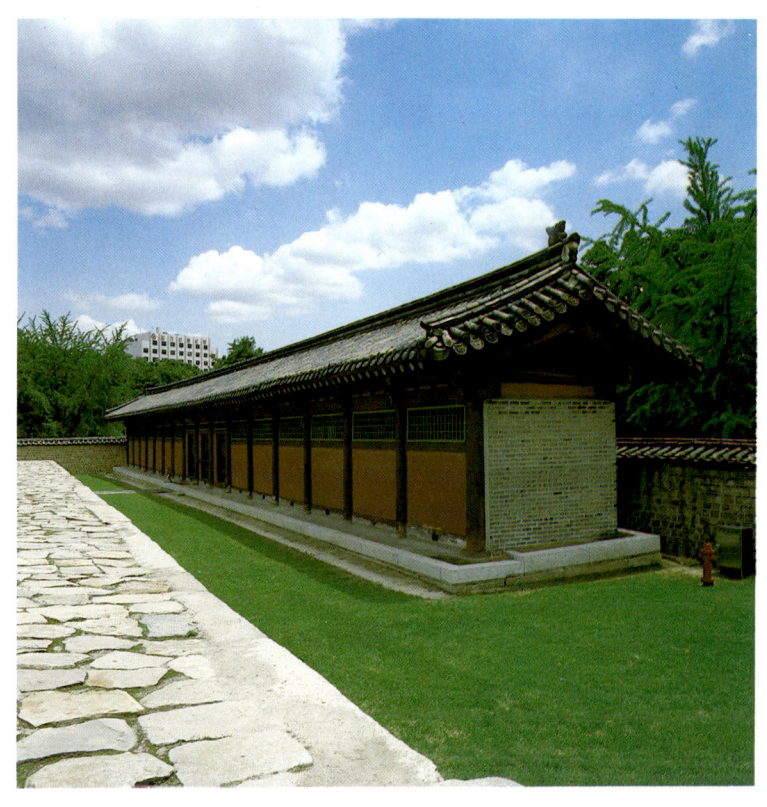

공신당 공로가 큰 신하들의 위패를 모시고 나라에서 제사를 지내던 곳이다. 공신이 늘어남에 따라 건물도 증축되어 지금처럼 길게 되었다.

재실(齋室)　정전 울타리 밖 동쪽 가까이에 따로 울타리를 친 안에 있다. 제사 때 왕이 제사 준비를 하던 곳으로 재실의 앞 동, 서에 제관의 준비실과 목욕실이 있다. 지금은 왕의 제사는 없으므로 이곳을 개조하여 재실에는 제사 모형을 두었고 동, 서실에는 역대 왕의 존호를 새긴 어보와 왕가의 길흉사를 적은 금책 및 제례악에 쓰이는 여러 가지 악기를 전시하고 있다.

　향대청(香大廳)　향축을 보관하는 곳으로 정면 9칸 반, 측면 1칸 반의 간소한 형식이다.

　전사청(典祀廳)　종묘 대제 때 쓰는 제물, 제기 외에 여러 가지 기구, 운반구를 보관한 곳이다. 주실은 정면 7칸, 측면 2칸이고 옆에는 온돌과 마루방을 들여 행각으로 꾸몄다.

　악공청(樂工廳)　제례 때 음악을 연주하는 악공들이 기다리는 곳으로 건물은 정면 6칸, 측면 2칸의 맞배지붕으로 극히 간소한 형식이다. 기둥도 완전히 둥글게 다듬지 않고 어떤 것은 8모, 어떤 것은 16모로 접은 채로여서 흥미롭다.

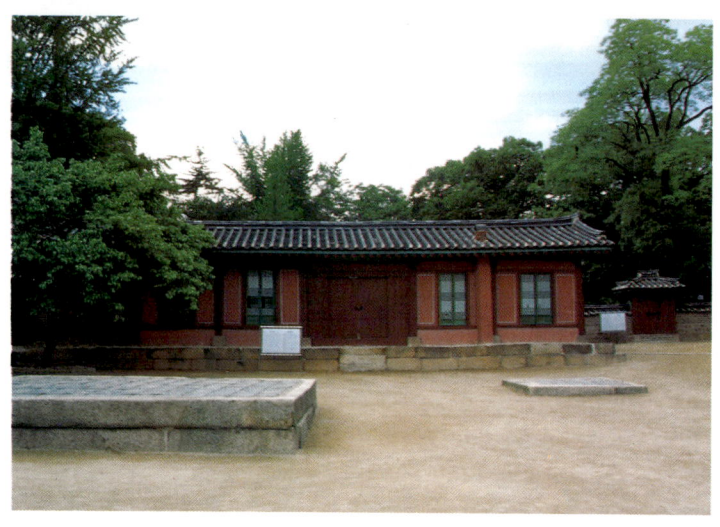

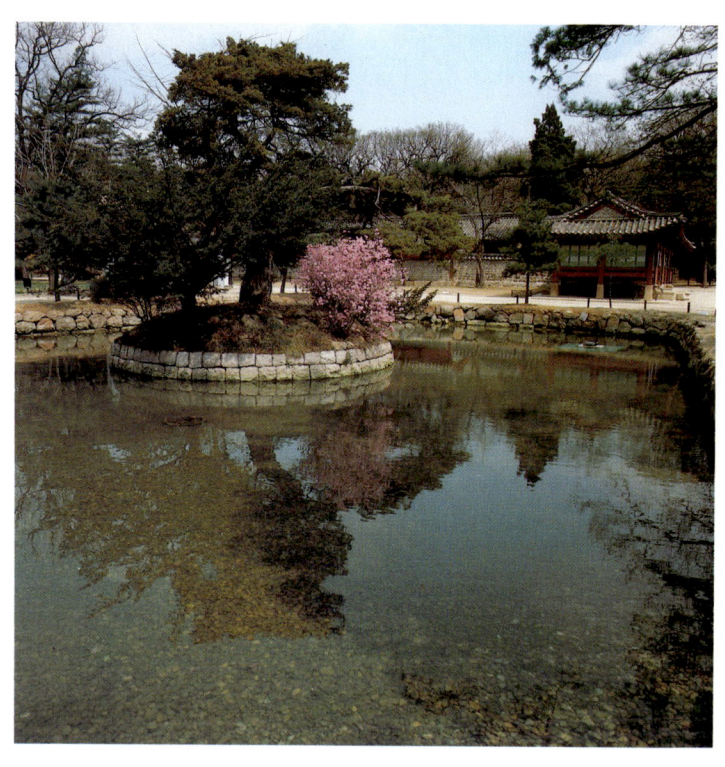

전사청 제사 때 쓰는 제물, 제기 등을 보관하던 곳이다.(옆)
연지와 향대청, 망묘루 연지의 오른쪽에 보이는 건물이 왕이 종묘에 닿으면 일단 이곳
  에 머물렀다가 재궁으로 향하던 곳이다. 연지의 가운데에 있는 원형 섬에는 향나무를
  심어 제사에 쓰게 하였다.(위)

종묘 제례

　종묘 제례는 조선시대의 모든 제례 가운데 가장 격식이 높은 의식이었다. 그 제례의 절차는 일반적인 제례와 기본적으로 동일한 것이었으나 모든 행사의 하나하나가 가장 정성을 들여 최고의 격식으로 치러졌다는 데 특색을 찾을 수 있다. 곧 제례의 참가 인원이나 순서, 제례 때의 복식이나 진설되는 제물에서 종묘 제례는 다른 어떤 제례보다 훨씬 높은 격식을 갖춘 것이었다.

　조선시대에 종묘에서 거행되던 제례는 1년에 다섯 번 정해진 때에 왕이 직접 치르는 향사와 속절, 삭망에 치르는 향사 외에 종묘에 와서 빌거나 고하는 기고 의식, 새로운 물건이 나왔을 때 종묘에 신물을 바치는 천신 의식 그리고 왕세자, 왕비, 왕세자빈이 종묘 영녕전에 와서 뵙는 알묘(謁廟) 의식이 있다.

　왕의 친제는 춘하추동 사시와 납일 곧 동지가 지난 뒤 세번째 무일(戊日)에 치르는데 이 행사가 가장 격식을 갖춘 제례가 되며 나머지는 따로 제관을 정하여 날을 택하여 치르게 된다. 이제 왕이 직접 치르는 종묘 제례의 절차를 살펴보자.

　왕의 친제에 참석하는 인원은 크게 제관, 집례관, 신위를 받드는 사람과 행사를 보조하는 사람으로 구성되는데 그 직책은 모두 27종이며 신실이 늘어나면 각 직책에 종사하는 인원도 따라서 증가하여 조선 말기에는 기백 명의 종사원이 참여하였던 것으로 보인다. 왕은 제관 가운데 초헌관이 되고, 왕세자가 아헌관, 영의정이 종헌관이 된다.

종묘 제례의 절차

　제사가 진행되는 절차는 시대에 따라 약간의 차이는 있으나 「오례의」에서 정한 순서를 따르면 아래와 같다.

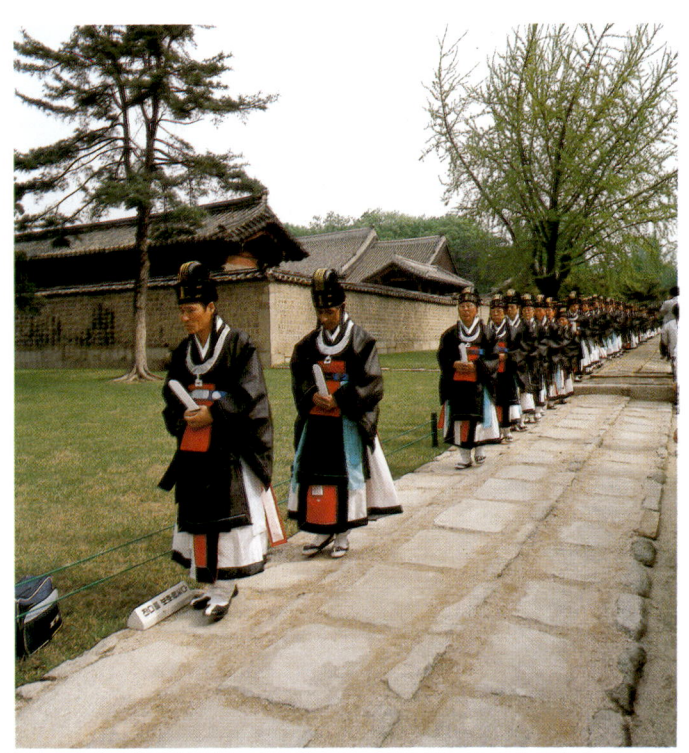

종묘 제례의 헌관들 박석이 깔린 길을 통해 동문으로 들어가 제례를 행하게 된다.

　재계(齋戒) 및 선행 절차　제사 8일 전에 제사가 있음을 알리면 왕은 4일 동안 별전에서 산재하고 3일 동안 치재하는데 치재 마지막 날은 재궁에서 행하고 다른 제관들도 산재와 치재를 한다. 재계 때는 음식을 간소히 하고 죄를 다스리거나 기타 불길한 일은 일체 금한다. 왕이 재궁에 들기 위해 궁을 나설 때는 문무 시신이 앞뒤에 서고 여러 관원이 거가를 호위하는데 이때는 나팔은 불지 않고 조용히 진행한다. 도착하면 왕은 종묘에 네 번 절하고 나서 재궁에 든다. 그 사이에 각 신실에는 축판과 제기용 그릇 등이 마련된다.

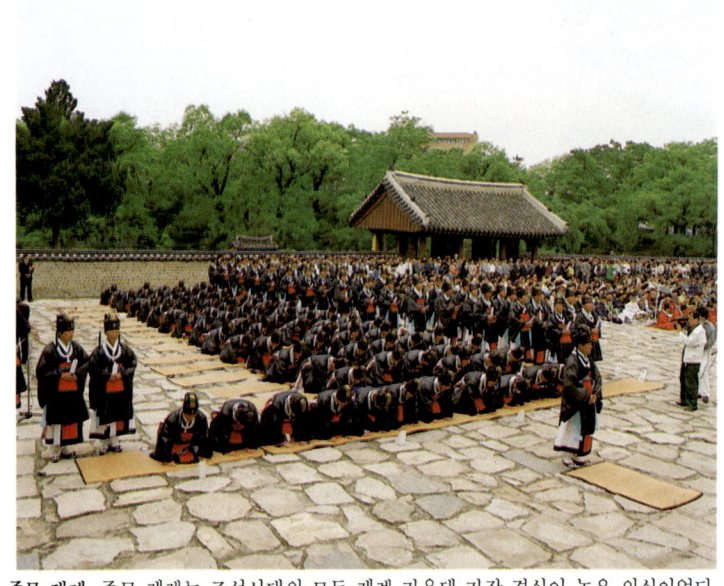

종묘 제례 종묘 제례는 조선시대의 모든 제례 가운데 가장 격식이 높은 의식이었다. 곧 제례의 참가 인원이나 순서, 제례 때의 복식이나 진설되는 제물에서 종묘 제례는 다른 어떤 제례보다 훨씬 높은 격식을 갖춘 것이었다.

취위(就位) 제례를 거행하기 직전에 제관들이 정해진 자리에 가서 선다. 왕의 자리는 판 위인데 상월대 아래 계단 동쪽에 전돌을 깔았다. 집례관인 묘사와 대축이 각 신실의 신주를 받들고 나오면 제관은 동쪽 계단 아래 서쪽을 향해 서고 유사가 제사 지내기를 청하게 된다.

신관례(晨祼禮) 하늘의 넋(魂)과 땅 속의 넋(魄)을 불러 합쳐 신이 되는 향신례이다. 영신을 위한 음악이 연주되고 각 실에 상향(上香), 전폐(奠幣)하는 예이다. 왕은 각 신실 앞에 나아가 꿇어 앉았다가 몸을 일으켜 세 번 향을 올린다. 이어서 집례관들이 집폐, 헌폐한다. 이어서 제수를 진설하는 진찬이 행해진다.

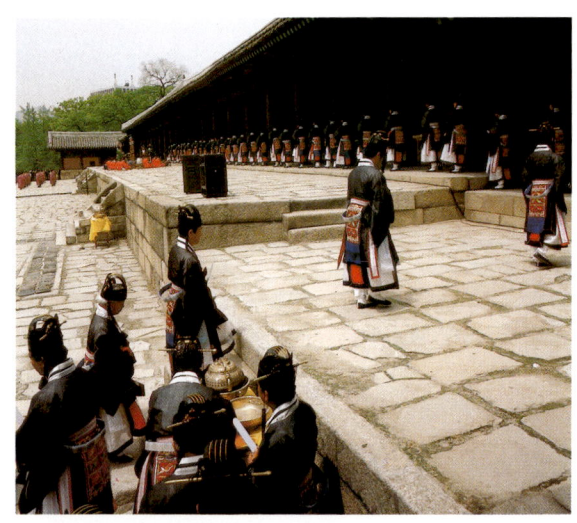

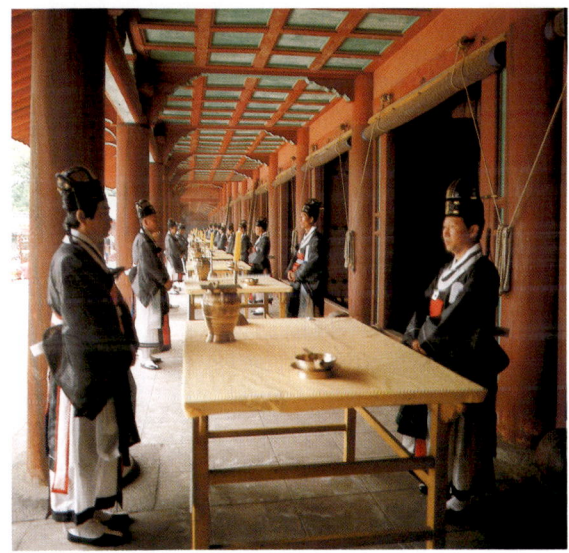

제관들 제관들은 모든 행사를 경건하게 치르게 되는데 신실 앞에 나아가게 될 때마다
알자의 인도에 의해 손을 씻는 의례를 행한다. 위는 제례를 치르기 위해 자리를 찾아
가는 제관들, 아래는 제상에 선 제관들이다.

초헌례(初獻禮) 초헌관인 왕이 술을 바치는 것인데 먼저 왕이 제사술 차리는 곳에 가서 술잔을 살피고 나서 제1 태조 고황제실에 들어가 술 석 잔을 바친 뒤에 굽어 엎드렸다가 뒤로 물러나 꿇어앉으면 대축이 축문을 읽는다. 이런 순서로 모든 신실에서 예를 행한다.

아헌례(亞獻禮), 종헌례(終獻禮) 왕세자인 아헌관이 각 신실에 술을 바치고 이어 영의정인 종헌관이 역시 각 신실에 술을 바치는데 이때는 축문을 읽지 않는다.

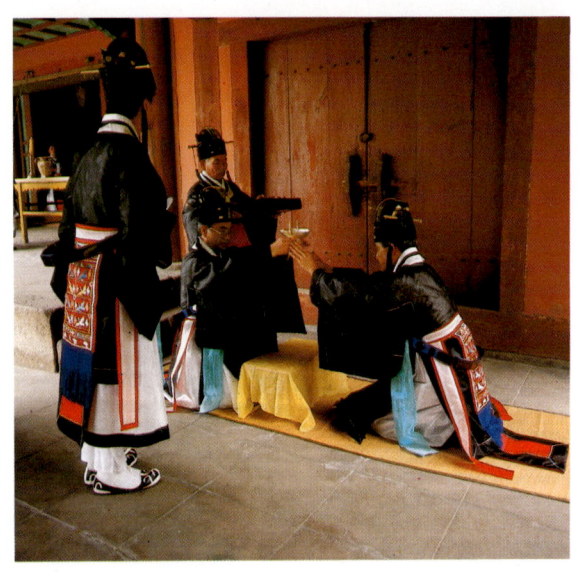

제례의 헌관 종묘 제례는 최상의 격식을 유지하여 지성으로 조선 왕조 500년 동안 치러졌다. 현재의 종묘 제례는 왕이 직접 치르는 친향이 될 수도 없고 시대도 많이 변하여 모든 격식을 갖추지는 않지만 그 정신만은 충실히 계승하고 있다고 생각된다.

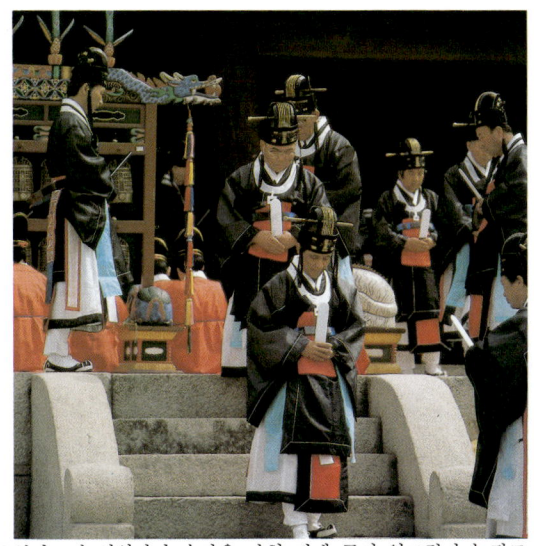

초헌관　각 신실마다 술잔을 바친 뒤에 굽어 엎드렸다가 뒤로
물러나 꿇어 앉은 뒤 예를 마친 초헌관이 상월대에서 내려오고
있다.

　　음복례(飲福禮)　헌작을 마친 뒤에 왕이 음복하는 예로서 집례관
이 잔에 음복주를 붓고 고기를 덜어 놓으면 왕이 음복하는 자리에
나아가 서향하여 기다렸다가 꿇어 앉아 마신다.

　　망료(望燎)　음복례가 끝나면 집례관은 음식을 치우는 의식인
철변두를 행하고 곧 축(祝)과 폐(幣)를 망료 위에서 불사른다. 망료
가 끝나면 집례관이 왕께 예가 끝났음을 알리게 되고 왕은 재궁으로
돌아가며 이어서 다른 제관과 집례관들이 모두 나간다. 곧 왕은
궁전으로 돌아가며 다음날에는 궁전에서 종친 대신들을 불러 모아
음복연을 거행한다.

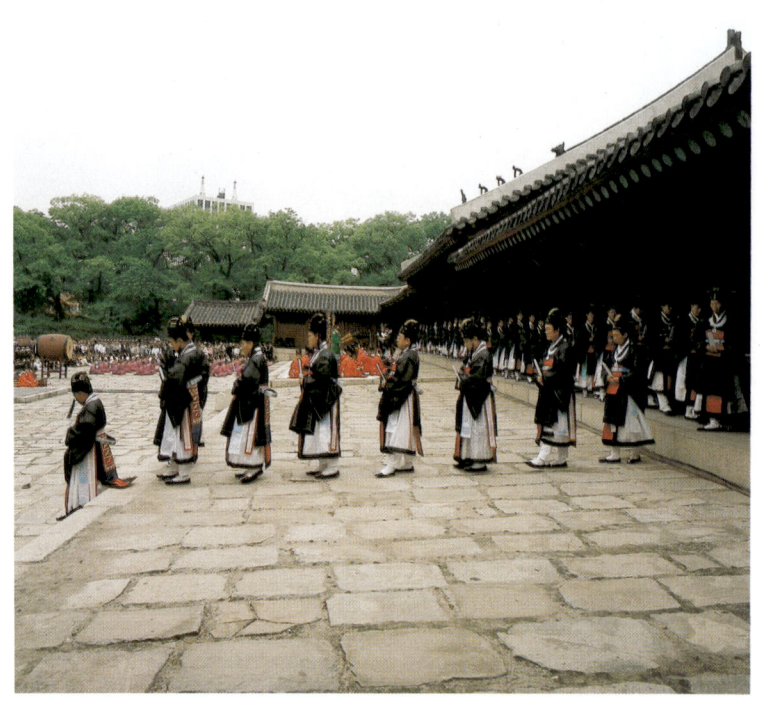

제례를 마친 제관들 초헌관만이 중앙 계단을 통해 월대를 내려오고 나머지 제관은
동쪽의 계단을 통해 내려오고 있다.

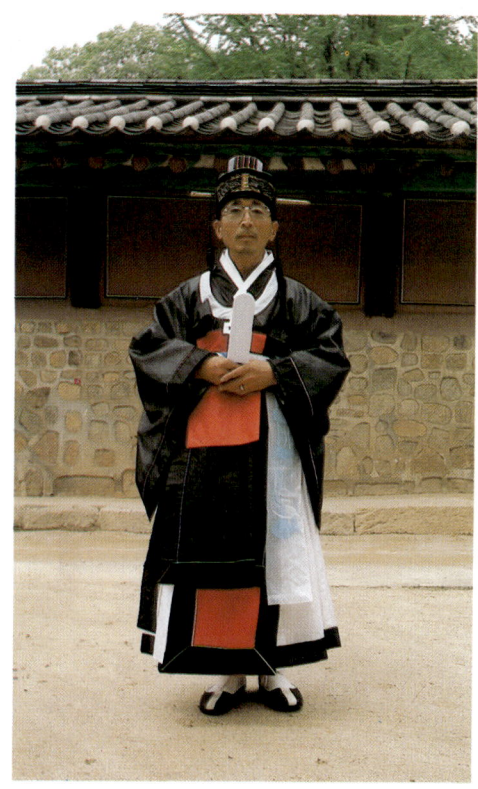

　이상은 대체로「국조오례의」에서 정한 제례 절차를 간단히 요약
한 것이나 제례의 절차는 때에 따라 차이가 있었으며 또한 왕이
직접 제사를 치르지 않고 영의정이 대신 초헌관이 되는 섭향 때는
그 절차가 또 약간 달라지는 등 변화가 있었다.

　제례 때 왕이 입는 소복은 소위 구장면복(九章冕服)이라고 하여
제왕의 위용을 상징하는 것이었다. 면복은 면류관과 구장복을 말하
며 관은 모자 위에 장방형 판이 있고 판 양끝에 여러 가지 색깔의
주옥을 늘어뜨린다. 구장복은 겉은 흑색, 안은 청색으로 한 대례복으

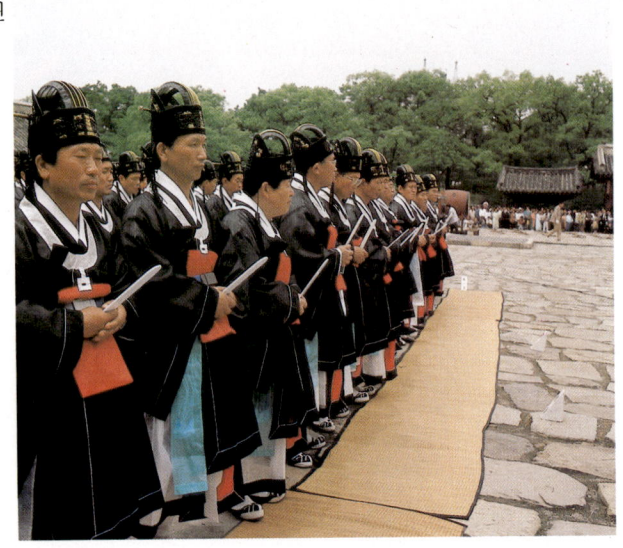

로 상의 어깨에는 용을 수 놓고 등에는 산, 양 소매에는 다섯 가지 무늬가 들어가며 하의에도 네 가지 무늬가 새겨진다. 제례 때 왕은 구장복, 왕세자는 칠장복에 홀을 잡아 복식으로도 최고의 격식을 차렸다.

복식뿐 아니라 제상에 차려지는 음식에서도 종묘 제례는 가장 정성을 다하였는데 그릇의 종류가 63종이며 여기에 담겨지는 제물은 곡식 4종, 젓갈 4종, 떡 6종, 과일 5종, 김치 4종 외에 소, 양, 돼지로 만든 국과 고기 9종, 포 2종, 술 5종과 기타 5종이며 이들이 모두 일정한 위치에 놓인다.

이와 같이 종묘 제례는 최상의 격식을 유지하여 지성으로 조선 왕조 500년 동안 치러졌다. 현재의 종묘 제례는 왕이 직접 치르는 친향이 될 수도 없고 시대도 많이 변하여 위와 같은 모든 격식을 갖추지는 않지만 그 정신만은 충실히 계승하고 있다고 생각된다.

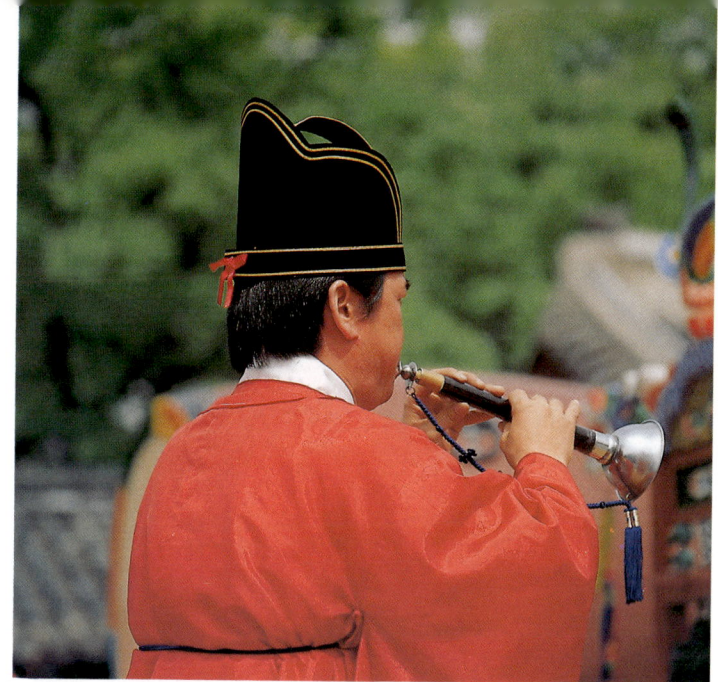

종묘 제례악 종묘 제례에는 모두 엄격한 의례가 따랐음은 물론이며 각 의례에 맞추어 적절한 음악과 무용이 수반되어 의식을 더욱 경건하게 만들었는데 특히 종묘 제례 때 연주되었던 제례악은 음률의 장엄함이 돋보이는 것이었다.

종묘 제례악

종묘 제례는 조선시대의 다른 어떤 제사보다도 격식이 높았던 것인 만큼 위에서 간략히 소개한 각 절차에는 모두 엄격한 의례가 따랐음은 물론이며 각 의례에 맞추어 적절한 음악과 무용이 수반되어 의식을 더욱 경건하게 만들었는데 특히 종묘 제례 때 연주되었던 제례악은 음률의 장엄함이 돋보이는 것이었다.

종묘 제례악은 조선시대 일반 궁중 음악인 아악과는 악기 구성에서 약간 차이가 있는데 종묘악에는 편종, 편경과 같은 일반 아악기 외에 방향, 당피리, 장고, 아쟁과 같은 당악기도 있고 대금과 같은 향악기도 섞여 있으며 그 대신 금(琴)이나 슬(瑟)과 같은 현악기가 없는 것이 특색이다.

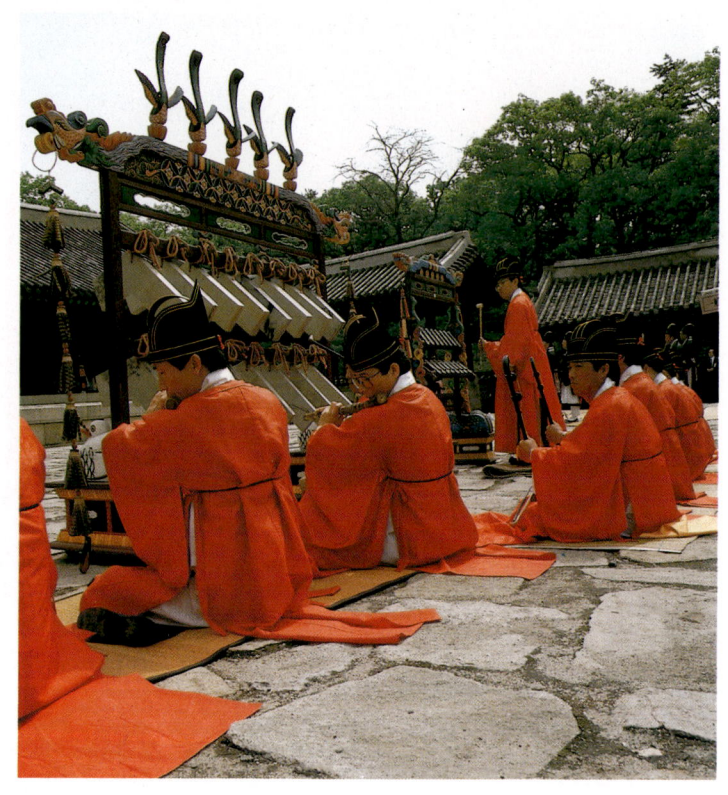

종묘 제례악 종묘 제례악은 조선시대 일반 궁중 음악인 아악과는 악기 구성에서 약간
차이가 있는데 종묘악에는 편종, 편경과 같은 일반 아악기 외에 방향, 당피리, 장고,
아쟁과 같은 당악기도 있고 대금과 같은 향악기도 섞여 있다.

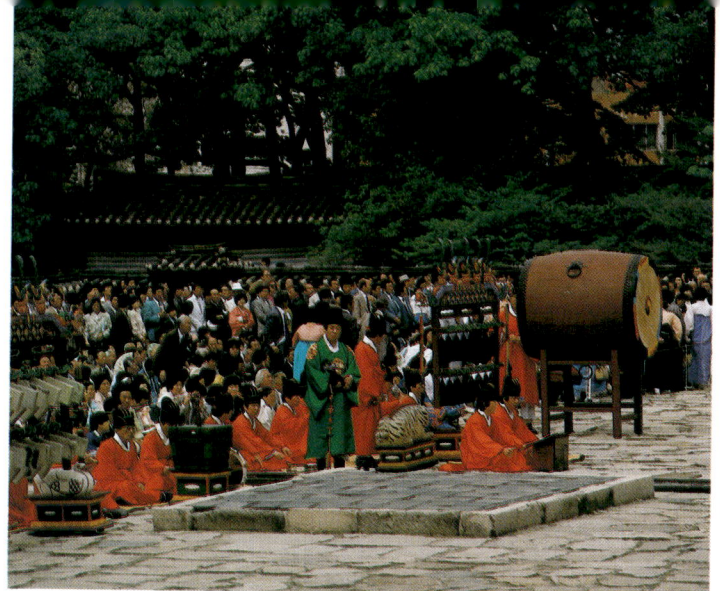

종묘 제례악 헌가　종묘 제례악은 단 위에서 연주되는 등가와 단 아래에서 연주되는 헌가로 구성된다. 위는 헌가 편성 악대로 편종, 어, 축, 편경 등의 악기가 보인다.

이처럼 종묘악은 아악, 당악, 향악이 섞여 있는 것이 특색인데 그것은 종묘악이 정해지던 세종 초에 우리의 향악인 보태평, 정대업과 같은 곡을 의식적으로 지키고자 했기 때문이다. 보태평은 개국 창업의 어려움을 이겨낸 조종의 문덕을 기린 내용이며 정대업은 그 무공을 내용으로 하는데, 우리나라 음계의 고유한 특성을 잘 살리며 악곡 구성도 완벽한 것이다. 세조 때 정식으로 종묘악으로 채택되어 전승된 귀중한 우리 음악의 하나이다. 이 두 곡은 조선 왕조의 창업을 노래한 것이어서 원래 중국의 예제에는 없는 것이었다. 따라서 한때 이들을 종묘악에서 제외해야 한다는 대신들의 주장도 있었으나 왕조 창업의 뜻을 기리고자 종묘악에 넣었으며 그만큼 이 두 곡에는 향악의 요소가 강하게 나타나 있다.

제례가 진행되는 동안 음악은 제례의 각 절차에 맞추어 여러 가지 형식이 연주되며 노래와 춤이 따르는데 종묘 제례 때 부르는 노래는

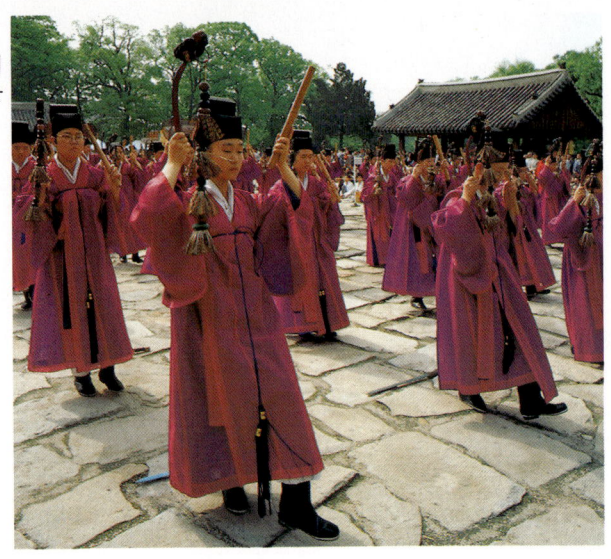

종묘 악장이라고 하며 춤을 일무(佾舞)라고 한다. 춤은 보태평 음악
에 맞추어 추는 문무(文舞)와 정대업에 맞추어 추는 무무(武舞)가
있다. 문무는 손에 약과 적을, 무무는 창과 검을 쥐고 춘다.

　　제례 때 연주되는 음악과 춤은 맨 처음 영신례(迎神禮) 때 희문곡
(熙文曲)을 아홉 번 반복하고 문무를 추며 두번째 전폐례 때 역시
희문과 문무가, 세번째 진찬례 때는 춤 없이 진찬곡만 연주되고,
네번째 초헌례 때는 헌관이 제1실 신위 앞에 가기까지 희문을 연주
하고, 그 뒤는 보태평 11곡을 모두 연주하고 문무를 춘다. 아헌례와
종헌례 때는 정대업 11곡을 연주하면서 무무를 춘다. 다음 철변두
순서에 희문이 연주되고 마지막 송신례에 진찬이 연주된다.

　　이처럼 종묘 제례악은 그 형식이 조선의 고유한 음률을 간직하고
왕조 창업의 기상을 노래하고 있으며 모든 행사의 순서에 맞추어
품격있는 음악과 춤이 동반되는 것으로 제례에서 빼 놓을 수 없는
중요한 부분을 차지하는 것이다.

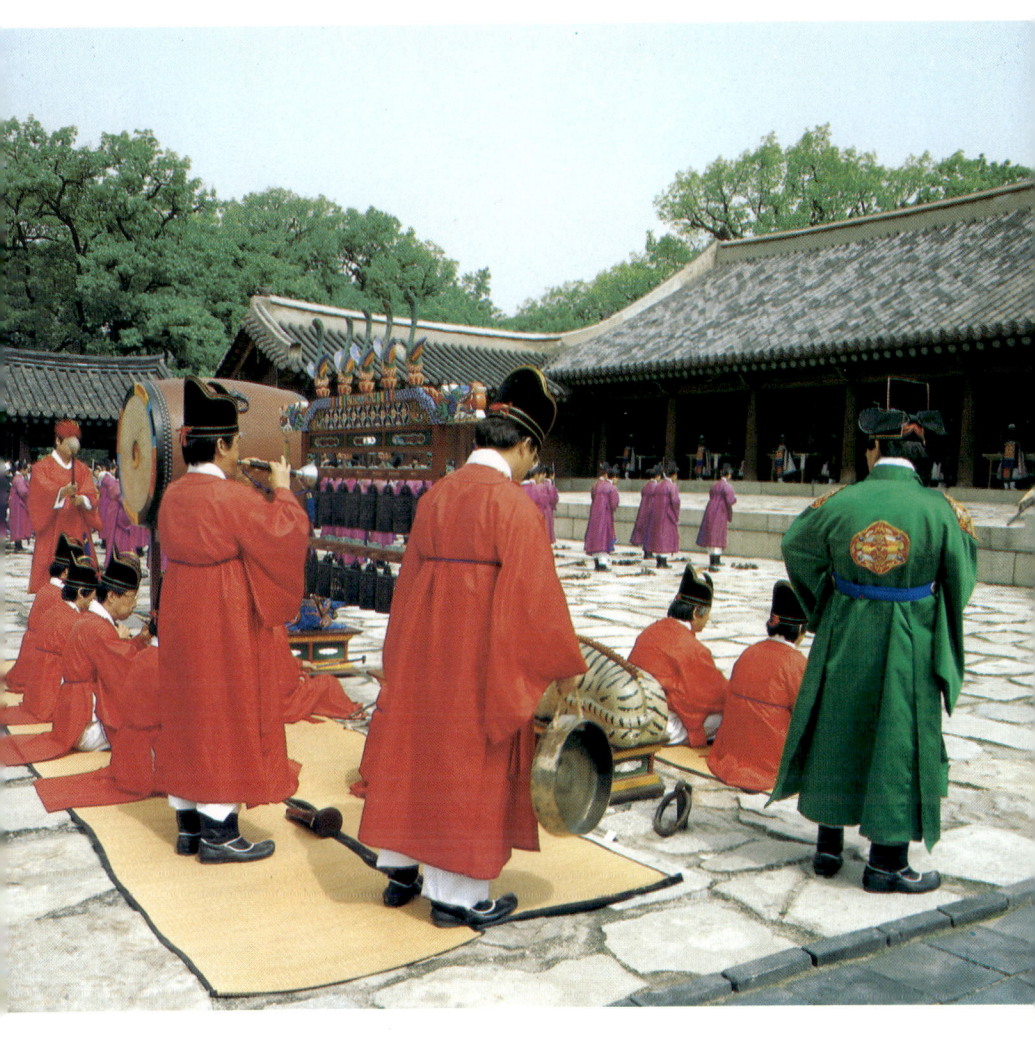

종묘 제례악과 일무 제례가 진행되는 동안 춤은 보태평 음악에는 문무(文舞)를 추고
정대업 음악에는 무무(武舞)를 춘다.

제례와 건축 공간

종묘 건축은 정전의 길고 긴 건물과 그 앞의 넓은 월대를 특징으로 삼을 수 있는데 이러한 건축적 특징은 종묘 제례라는 독특한 제사를 치르려는 목적에서 창출되었음을 인식할 필요가 있다. 곧 종묘 제례에 동원되는 많은 참여 인원과 그들의 일정한 제례 의식 그리고 음악과 무용이 함께 치러지는 의식 절차로부터 종묘 건축의 특수한 구성이 이루어졌다.

우선 종묘 정전에는 세 개의 문이 나 있는데 각각 드나들 수 있는 사람들이 다르다. 곧 남문은 신의 출입에 국한되며 동문은 제관이나 집례관의 출입, 서문은 악공과 그 밖의 종사원들의 출입이다.

월대에서의 위치는 그림에 묘사한 것처럼 하월대의 중앙 신로의 동쪽에는 제관과 집례관들의 자리인데 이 가운데 특히 초헌관인 왕의 자리는 판위라고 하여 따로 마련되었으며 판위 남쪽으로 아헌관, 종헌관을 비롯하여 수많은 집례관들이 늘어서게 되는 것이다.

신로의 서쪽은 일무를 추는 장소이며 하월대 남쪽 끝에 종묘악을 연주하는 악공의 자리로 헌가가 마련되었다. 상월대에는 역시 악공의 자리로 등가가 중앙에 놓이며 서쪽 끝에 음악을 지휘하는 협율랑 자리가 있고 동쪽에는 음복위가 있다. 그리고 하월대의 가장자리는 집사, 무관들의 자리이다.

정전의 양끝 동, 서월랑은 정전과 직각으로 꺾여서 정전 건물을 감싸고 있으며 특히 동월랑은 벽체를 설치하지 않고 개방하여 제례 종사원들의 활동을 편하게 하고 있다.

종묘는 정전과 동, 서월랑에 의해 이루어지는 ㄷ자형의 낮고 긴 수평적인 건축 형태와 그 앞의 넓은 월대를 구성하여 종묘 제례라는 의식을 거행하고자 하는 기능적 요구를 충족하면서 동시에 하나의 장대한 건축 공간을 창출하고 있다.

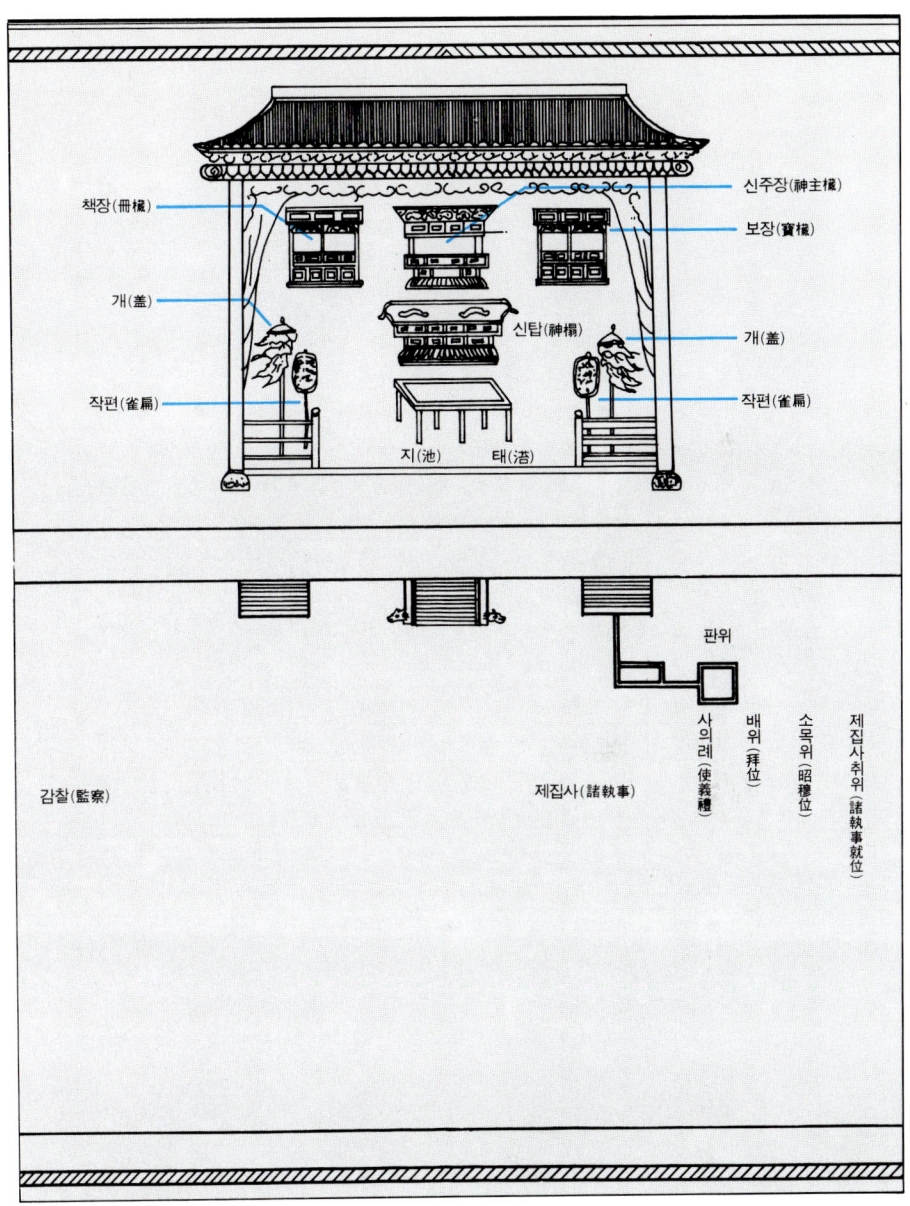

책장(冊欌)

신주장(神主欌)

보장(寶欌)

개(盖)

개(盖)

작편(雀扁)

신탑(神榻)

작편(雀扁)

지(池)　태(涾)

판위

사의례(使義禮)

배위(拜位)

소목위(昭穆位)

제집사취위(諸執事就位)

감찰(監察)

제집사(諸執事)

「종묘의궤」의 일문도

현재의 신위(神位)

정전의 신위

실	신위
제1실	태조고황제, 신의고황후 한씨, 신덕고황후 강씨(太祖高皇帝 神懿高皇后 韓氏 神德高皇后 康氏)
제2실	태종대왕, 원경왕후 민씨(太宗大王 元敬王后 閔氏)
제3실	세종대왕, 소헌왕후 심씨(世宗大王 昭憲王后 沈氏)
제4실	세조대왕, 정희왕후 윤씨(世祖大王 貞熹王后 尹氏)
제5실	성종대왕, 공혜왕후 한씨, 정현왕후 윤씨(成宗大王 恭惠王后 韓氏 貞顯王后 尹氏)
제6실	중종대왕, 단경왕후 신씨, 장경왕후 윤씨, 문정왕후 윤씨(中宗 大王 端敬王后 愼氏 章敬王后 尹氏 文定王后 尹氏)
제7실	선조대왕, 의인왕후 박씨, 인목왕후 김씨(先祖大王 懿仁王后 朴氏 仁穆王后 金氏)
제8실	인조대왕, 인렬왕후 한씨, 장렬왕후 조씨(仁祖大王 仁烈王后 韓氏 莊烈王后 趙氏)
제9실	효종대왕, 인선왕후 장씨(孝宗大王 仁宣王后 張氏)
제10실	현종대왕, 명성왕후 김씨(顯宗大王 明聖王后 金氏)
제11실	숙종대왕, 인경왕후 김씨, 인현왕후 민씨, 인원왕후 김씨(肅宗 大王 仁敬王后 金氏 仁顯王后 閔氏 仁元王后 金氏)
제12실	영조대왕, 정성왕후 서씨, 정순왕후 김씨(英祖大王 貞聖王后 徐氏 貞純王后 金氏)
제13실	정조선황제, 효의선황후 김씨(正祖宣皇帝 孝懿宣皇后 金氏)
제14실	순조숙황제, 순원숙황후 김씨(純祖肅皇帝 純元肅皇后 金氏)
제15실	문조익황제, 신정익황후 조씨(文祖翼皇帝 神貞翼皇后 趙氏)
제16실	헌종성황제, 효현성황후 김씨, 효정성황후 홍씨(獻宗成皇帝 孝顯成皇后 金氏 孝定成皇后 洪氏)
제17실	철종장황제, 철인장황후 김씨(哲宗章皇帝 哲仁章皇后 金氏)
제18실	고종태황제, 명성태황후 민씨(高宗太皇帝 明成太皇后 閔氏)
제19실	순종효황제, 순명효황후 민씨, 순정효황후 윤씨(純宗孝皇帝 純明孝皇后 閔氏 純貞孝皇后 尹氏)

대한제국이 막을 내리면서 종묘의 신위도 더 이상 바뀌는 일이 없어졌다. 19칸으로 길게 이어진 정전 신실들이 왕조 500년의 장구한 세월의 흐름을 조용히 말해 줄 따름이다.

정전의 신위는 공덕이 있는 불천위와 시왕의 5대조를 모시게 되고 나머지 신위는 영녕전에 모시게 되므로 지금 정전에서 적어도 14실 이전에 모셔진 신위는 공덕이 있다고 인정된 왕이 될 것이다.

영녕전의 신위

실		신위
정전	제1실	목조대왕, 효공왕후 이씨(穆祖大王 孝恭王后 李氏)
	제2실	익조대왕, 정숙왕후 최씨(翼祖大王 貞淑王后 崔氏)
	제3실	도조대왕, 경순왕후 박씨(度祖大王 敬順王后 朴氏)
	제4실	환조대왕, 의혜왕후 최씨(桓祖大王 懿惠王后 崔氏)
서협	제5실	정종대왕, 안정왕후 김씨(正宗大王 安定王后 金氏)
	제6실	문종대왕, 현덕왕후 권씨(文宗大王 顯德王后 權氏)
	제7실	단종대왕, 정순왕후 송씨(端宗大王 定順王后 宋氏)
	제8실	덕종대왕, 소혜왕후 한씨(德宗大王 昭惠王后 韓氏)
	제9실	예종대왕, 장순왕후 한씨, 안순왕후 한씨(睿宗大王 章順王后 韓氏 安順王后 韓氏)
	제10실	인종대왕, 인성왕후 박씨(仁宗大王 仁聖王后 朴氏)
동협	제11실	명종대왕, 인순왕후 심씨(明宗大王 仁順王后 沈氏)
	제12실	원종대왕, 인헌왕후 구씨(元宗大王 仁獻王后 具氏)
	제13실	경종대왕, 난의왕후 심씨, 신의왕후 어씨(景宗大王 端懿王后 沈氏 宣懿王后 魚氏)
	제14실	진종소황제, 효순소황후 조씨(眞宗昭皇帝 孝純昭皇后 趙氏)
	제15실	장조의황제, 헌경의황후 홍씨(莊祖懿皇帝 獻敬懿皇后 洪氏)
	제16실	의민황태자영친왕(懿愍皇太子英親王)

사직단

사직단의 제도와 형식

고려 제5대 성종은 건국 뒤 처음으로 사직단을 세우면서 다음과 같이 말하였다.

'사'는 토지의 신이니 땅이 넓어 다 공경할 수 없으므로 흙을 모아 사로 삼음은 그 공에 보답코자 함이오, '직'은 오곡의 장이나 곡식이 많아 널리 제사 드릴 수 없으므로 직신을 세워 이를 제하는 것이라 하였고,「예」에 말하기를 왕이 군성을 위하여 사를 세움을 대사라 하고 스스로를 위하여 사를 세움을 왕사라 하며 제후가 백성을 위하여 사를 세움을 국사라 하고 스스로를 위하여 사를 세움을 후사라고 하며 대부 이하는 여러 사람이 모여 사를 세워 치사라고 할 새 그러므로 국가를 가진 자는 사직을 세우지 않을 수 없음이라. 위로는 천자로부터 아래로는 대부에 이르기까지 근본을 보이고 공에 보답함을 갖추지 않을 수 없도다.

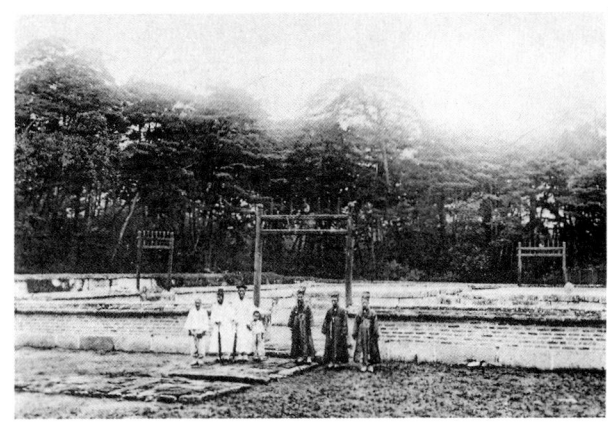

　한편 한 나라의 왕은 사직의 주체로 나라가 있으면 사직의 제사가
행해지고 나라가 망하면 폐지된다는 점에서 사직은 흔히 국가 그
자체를 가리키기도 한다. 따라서 국가의 예제에서도 사직은 첫째인
길례 가운데도 종묘와 함께 대사로 진중히 여긴다. 다만 종묘와
다른 점은 종묘가 한 나라에 한 곳에만 설치될 수 있는 데 반하여
사직은 도성은 물론 지방의 각 행정 단위마다 설치되어 왕을 대신하
여 지방 수령이 제례를 지내는 점이다. 따라서 그 보편적인 점에서
는 사직이 오히려 종묘보다 더 비중이 크다고도 할 수 있다.

　사직 역시 종묘와 마찬가지로 그 기원은 고대 중국에 있다. 「주
례」나 「예기」 등 고대 중국의 예서들에 나타난 사직단의 형식을
보면 우선 사직단이 설치되는 위치는 반드시 궁궐의 오른쪽으로
한다. 이것은 궁의 왼쪽에 놓이는 종묘와 대칭적인 관계를 갖게
된다. 지방 군현의 경우에도 읍치의 서쪽 곧 읍치의 오른쪽이 사직
의 위치가 된다.

　단을 구성함에 있어서는 사단과 직단을 따로따로 설치하는데
사단이 동쪽, 직단은 서쪽에 놓이며 각 단에는 다섯 가지 색깔의

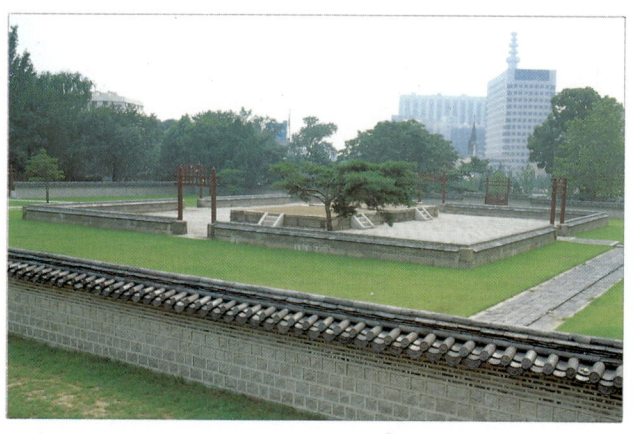

사직단 동쪽에는 토지의 신인 사단, 서쪽에는 곡식의 신인 직단을 따로따로 설치한다.

흙을 덮도록 한다. 동은 청색, 남은 적색, 서는 백색, 북은 흑색이고 중앙은 황색이다. 단에 모시는 신위는 국사신과 국직신은 남쪽에 놓고 북향토록 하며 사단에 후토신, 직단에 후직신을 별도로 북쪽 가까이 동향하여 모신다. 각 단에는 네 군데에 계단을 설치하고 단 바깥으로 울타리를 치는데 이를 유(壝)라 하고 유의 사방에도 문을 둔다.

이상은 전통적인 사직단의 형식으로 이 형식은 시대의 변천이나 국가의 흥망에도 불구하고 거의 변동없이 지켜져 왔다. 중국 마지막 왕조인 청 왕조의 사직단 형식을 적은 「청회전도」의 예제에도 "사직단은 궁의 오른쪽에 있으며 단은 2중으로 높이가 4척인데 상단은 한 변이 5장(丈)이고 하단은 5장 3척이며 네 군데 흰 돌로 된 계단이 있고 동서남 3면의 계단은 4급으로 같고 북면은 나무 사다리로 8급이며, 상단에는 5색 흙을 덮었는데 중황, 동청, 남적, 서백, 북흑이고 중앙에 돌로된 사주(社主)가 있어서 반은 흙 속에 있고, 제사가 끝나면 전부 묻으며 나무 뚜껑으로 덮는다"라고 하였다.

우리나라에서도 사직단은 이미 삼국시대부터 설치하였음이 「삼국사기」에 나와 있으며 고려시대에는 992년(성종 10)에 가서 종묘와 함께 설치하였는데 그 제도가 중국과 거의 같다. 곧 사직단은 황성의 서쪽에 있고 사단이 동, 직단이 서에 놓이며 단의 크기는 너비가 5장이고 높이는 3척 6촌이며 네 군데 계단이 있고 5색을 덮었다고 한다. 조선시대에도 사직단의 제도나 형식은 거의 같았는데 다만 단의 크기만은 고려 때에 비하여 절반 정도로 줄었다.

「국조오례의」에 기록된 것을 보면, "사직단은 도성 서쪽에 있고 사는 동쪽, 직은 서쪽이고 양단은 각각 한 변이 2장 5척에 높이가 3척이고 네 군데 계단이 있어 각기 3단이며, 단에는 방위에 따른 색과 중앙의 황색 흙을 덮고 석주를 두는데 길이가 2척 5장에 한 변이 1척이고 위는 뾰족하게 하고 밑은 흙으로 북돋우어 반은 단의 남쪽 계단 위에 당하도록 하며, 네 문이 하나의 울타리와 같이 하는데 울타리 한 변은 25보"라고 하였다. 또한 주현의 사직에 대해서는 "성의 서쪽에 있고 사직이 함께 한 단을 쓰고 석주는 없다"고 하였다. 한편 "신위는 국사 국직신은 재남 북향하고 후토씨는 사단에, 후직씨는 직단에 모시는데 왼쪽의 북쪽 가까이에 동향한다"라고 하였다.

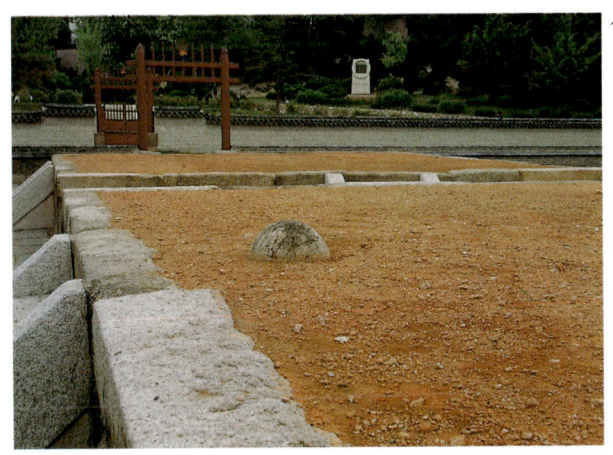

사직단 단 위에는 방위에 따른 색과 중앙의 황색 흙을 덮고 석주(石主)를 둔다.

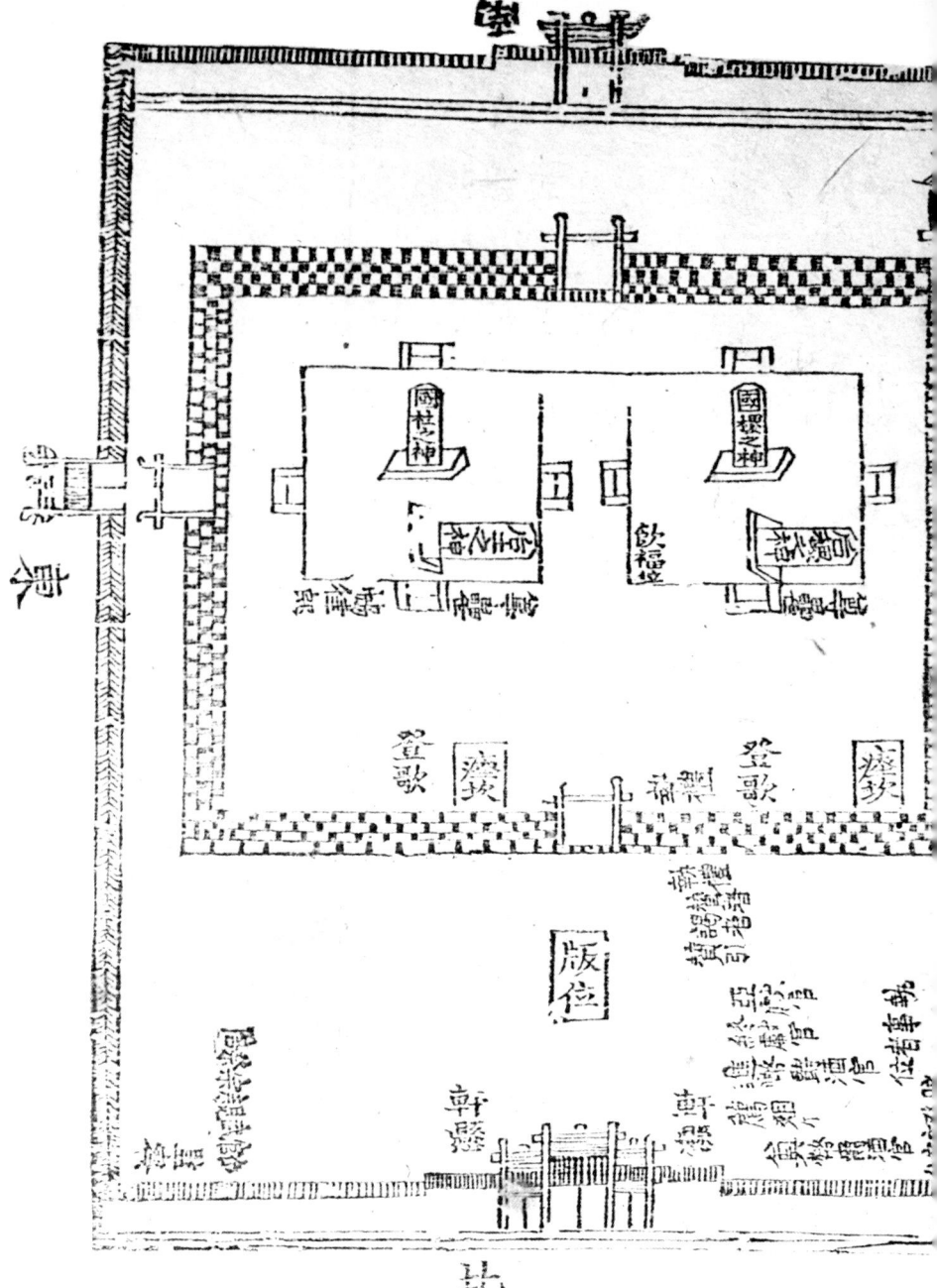

82 사직단

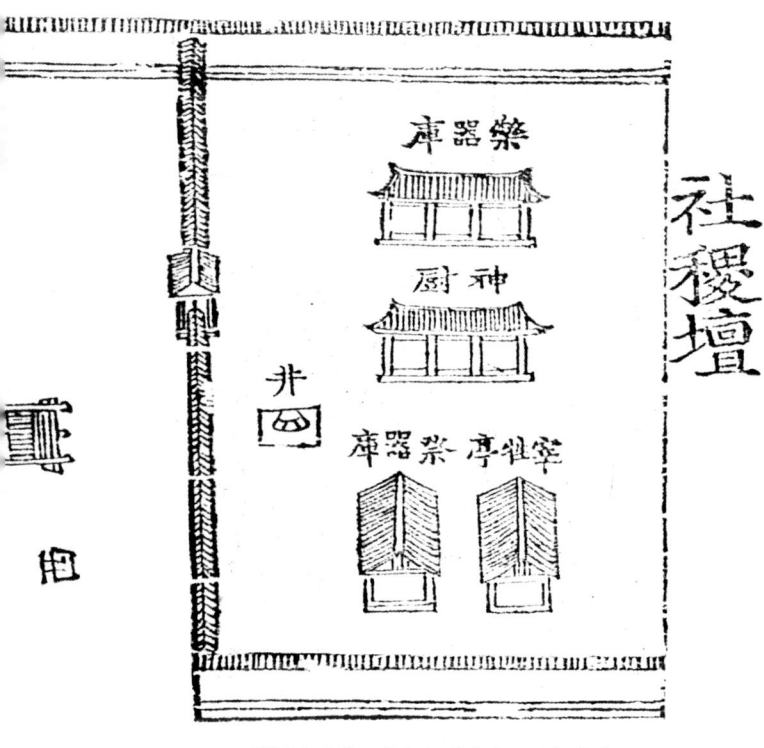

「국조오례의」 서례의 사직단 조선 전기
(성종) 때의 사직단 모습이다.

　조선시대 사직단의 형식에 대하여 「증보문헌비고」에 기록된 현종 때의 논의에 의하면, 당시 예조에서 사직 제도를 논하기를 "토(土)의 수는 5이므로 사직이 5장이고 사주(社主)는 정장(正長)이 5척이며 음의 수인 2에 준하여 방을 2척으로 하고 고척(古尺)을 쓴 것인데 고척은 곧 주척 9촌 8푼이다. 지금 서울 안의 위판도 또한 이 제도를 모방하여 쓴 것 같다"고 하고 또한 단, 유에 비하여 "주제(周制)에는 무릇 방국(邦國)을 세우면 따라서 그 사직을 세우는데 그 단의 제도는 천자의 반으로서 광이 2장 5척이고 각각 그 방면의

빛깔에 따른 흙을 받아 황토를 덮는다 하였는데 지금 서울 안의
사직단의 유 높이가 분명하지 않고 다만 사방에 담장을 쌓은 높이가
각각 영조척으로 3척 5촌이니 유의 높이가 분명하지 않은 것은
지형 때문인 것 같다. 제후가 이미 천자의 반이므로 주현은 마땅히
경사(京社)의 반을 감해야 하며 본도는 남방에 있으니 마땅히 적토
를 쓰고 황토를 덮어야 할 것이다”고 하였다. 이 기록으로 보아서
조선시대 단의 규모는 거의 중국의 예제를 따르고는 있으나 단의
높이에서 약간의 차이를 나타내고 있다.

　이처럼 사직단 제도는 중국에서나 우리나라에서나 내용이 거의
일치하고 있으며 단지 단의 규모에서 약간의 차이를 발견할 따름이
다. 그러나 그 규모도 고려시대에는 한 변이 5장으로 중국과 동일하
였으며 단지 조선시대에 들어와 2장 5척으로 줄었을 뿐이다.

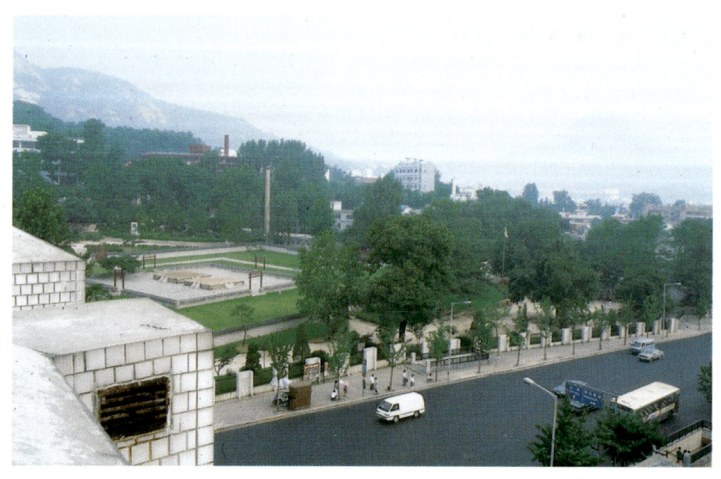

사직단　현재의 사직단은 멀리 백악(북악)이 보이고 뒤로는 인왕산이 있는 곳에 자리
잡고 있다.

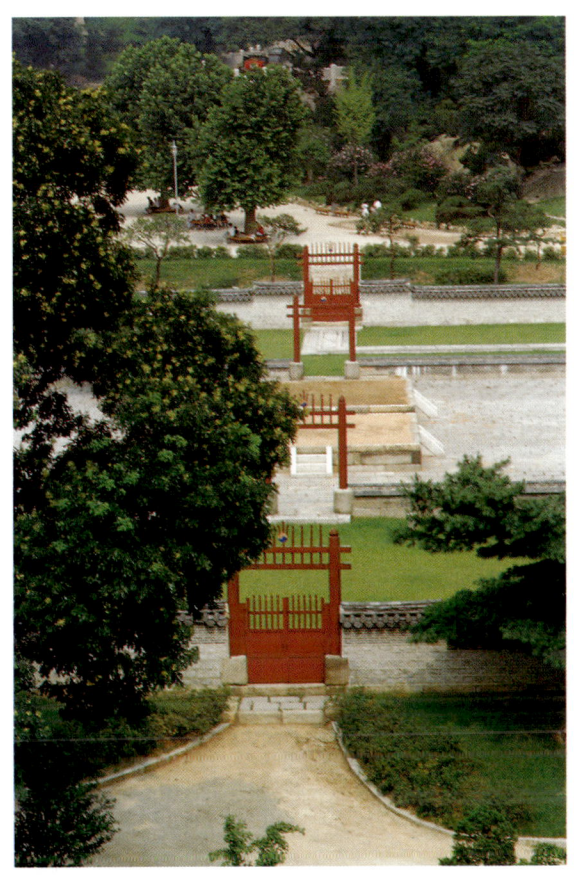

사직단 바깥 담장과 유와 그 안의 두 단으로 구성된 사직단 모습으로 유 높이가 분명
하지 않다.

조선시대 사직단의 연혁

　도성에 사직단이 창건된 것은 1396년(태조 4)으로 이 해에는 종묘와 궁궐이 준공되었는데 사직단 역시 이들 건물과 함께 조성된 것이다. 이미 태조 2년 한양으로 천도를 정하고 나서 사직단의 위치도 결정되었으며 태조 4년 정월에는 공사가 착공되었고 2월에는 왕이 직접 현장을 둘러보기도 하였다. 단이 완성된 정확한 시기는 「실록」에 나와 있지 않지만 종묘와 궁궐이 준공된 9월 이전에는 대체로 공사를 마쳤을 것으로 추측된다.

　「국조오례의」에 실린 초기 사직단의 모습을 보면 가장 중심에 사단과 직단이 있고 이것을 둘러싼 유에는 사방에 홍살문이 있으며 유 밖으로 다시 네모난 담장이 쳐져서 거기에도 사방에 문이 나 있는데 동, 서, 남문은 일반적인 한 칸 규모의 홍살문이지만 북문만은 3문 형식으로 되어 있다. 이것은 북문이 신이 출입하는 문이므로 그 격을 높인 때문이다. 유의 바깥 서남쪽에는 신실이 있고 유의 북문과 북신문 사이에는 제사 때 왕이 서는 자리인 축판이 있다.

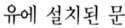
유에 설치된 문

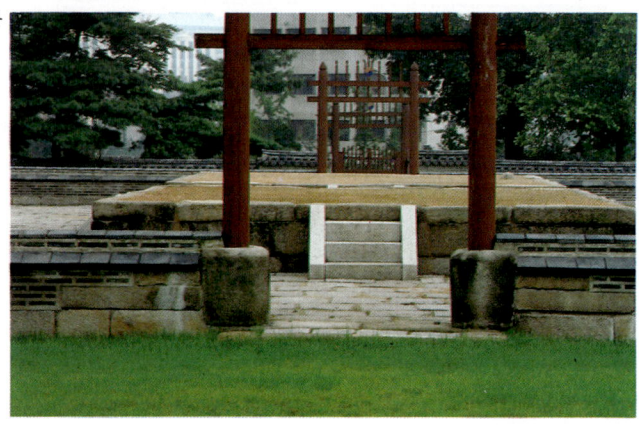

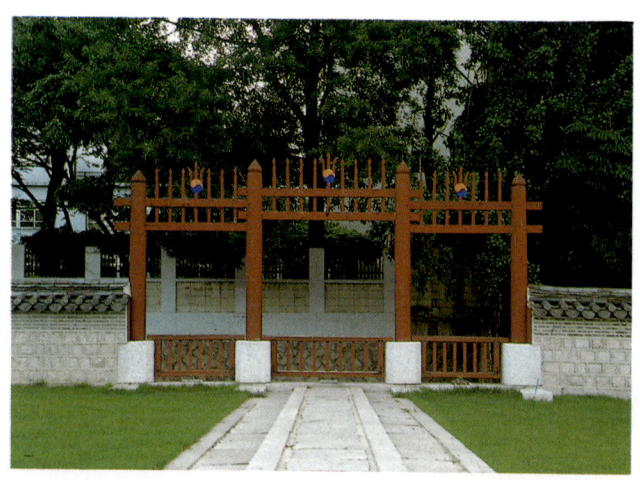

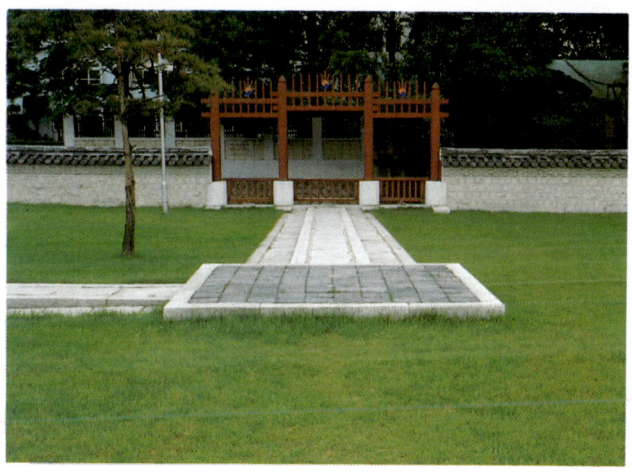

북문 북쪽 출입구는 신이 출입하는 문이므로 3칸 규모로 문의 격을 높였다.(위) 신문에 이어진 판위이다.(아래)

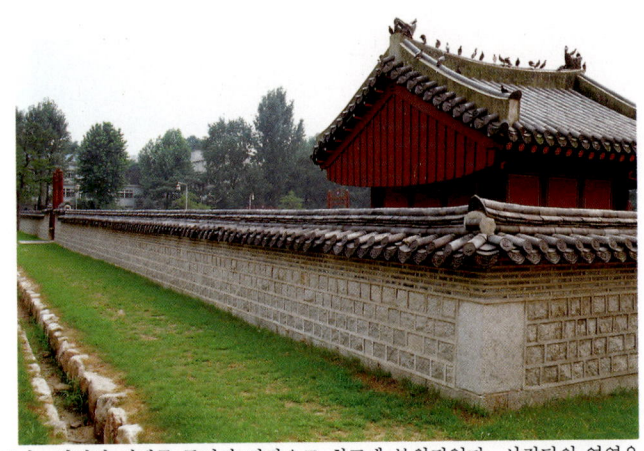

담장 사직단 전체를 둘러싼 담장으로 최근에 복원되었다. 사직단의 영역은 최근의 복원에 의해 재정비되었으나 도로 공사 문제 등으로 인해 경역이 매우 줄어든 상태이다.

사직단이 세워지자 일정한 때에 맞추어 제향이 치러졌으며 때때로 기우제를 지내기도 하였는데 태종 5년(1405) 가뭄이 계속되었을 때는 태종이 직접 사직에서 비를 내려 달라고 빌기도 하였다.

창건 뒤 사직단은 약간의 보수가 있었는데 1414년(태종 14)에는 주변 지형에 대한 개축이 있었고 세종 때에는 비나 눈이 올 때를 대비하여 북문 담장 안에 신실을 따로 만들었다.

창건된 사직단은 그 뒤 임진왜란으로 소실되었다가 재건되었다. 왜란이 일어났을 때는 왕이 피신하면서 사직단의 신주도 함께 옮겼는데 신주는 개성의 목청전에 보관하였다. 이듬해 왕이 환도하니 그 사이 궁궐은 물론 종묘와 사직도 모두 불에 타서 사직단은 신실 등 건물은 모두 없어지고 단만 남아 있었다. 할 수 없이 종묘의 신위를 모신 심연원의 집에 사직 신위도 함께 모셨다가 1594년(선조 29) 신실을 간략하게 다시 지어 신주를 봉안하였다.

이 뒤로 사직단이 어느 때 완전히 다시 복구하였는지는 확실치 않지만 사직단은 규모나 구조가 크고 복잡한 것이 아닌 만큼 적어도 종묘를 재건한 선조 41년 이전에는 복구되었을 것으로 생각된다. 재건된 사직단은 물론 창건 때의 모습을 충실히 재현한 것이었다고 생각되는데 다만 단의 높이에 변화가 있었고 단 주변 부속 건물의 변동이 있었다. 단의 높이는 처음에는 "3척으로 세웠고 유는 방 25보"라고 하였다. 그러나 조선 말기에 편찬된 「동국여지비고」에 의하면 "단은 높이가 3척 4촌이고 유는 방 22보"로 되어 있다.

한편 정조 7년(1783)에 편찬된 「사직서의궤」에 실린 사직단 주변의 모습은 「국조오례의」에 나타난 모습과 차이를 보이는데 「국조오례의」에는 부속 건물이 단, 유의 오른쪽에 따로 울타리를 친 안에 있고 악기고, 신주, 제기고 등 네 건물이 붙어 있는데 「사직서의궤」의 그림에는 부속 건물은 단의 왼쪽과 오른쪽에 넓게 퍼져 있다. 오른쪽에는 안향청을 중심으로 악기고, 월랑 등이 있고 문 밖으로 악공청이 따로 마련되어 있으며 단의 왼쪽에 제기고, 전사청 등의 여러 건물이 한 군을 이루고 있다. 이것은 시대의 흐름에 따라 사직단의 제사나 관리가 오히려 더 충실해졌음을 말해 주는 것이기도 하다.

재건 뒤에도 사직단의 제향은 정기적으로 지속되었으며 나라에 어려움이 있을 때는 특별한 제향을 올렸는데 병자호란이 일어났던 인조 15년(1637)에는 "국가의 계속된 변란은 천지 신기의 노함이므로 특별히 제문을 지어 서울과 지방 각 주현의 사직에 제사 지낼 것"을 비변사가 청하여 제를 올린 적이 있다. 또 흉년이 심했던 숙종 때에는 전에 없던 기곡제(祈穀祭)를 처음으로 지내어 그 뒤로 기곡제가 하나의 관례가 되기도 하였다.

1897년 조선 왕조는 국호를 대한제국으로 고치고 고종은 황제위에 올랐다. 이에 따라 사직단의 지위도 올려 태사 태직으로 개제하였다. 고종 때에는 사직단에서 국호를 대한제국으로 고하는 고유제를 행하였으며 여러 차례의 기우제와 기곡제를 거행하였다.

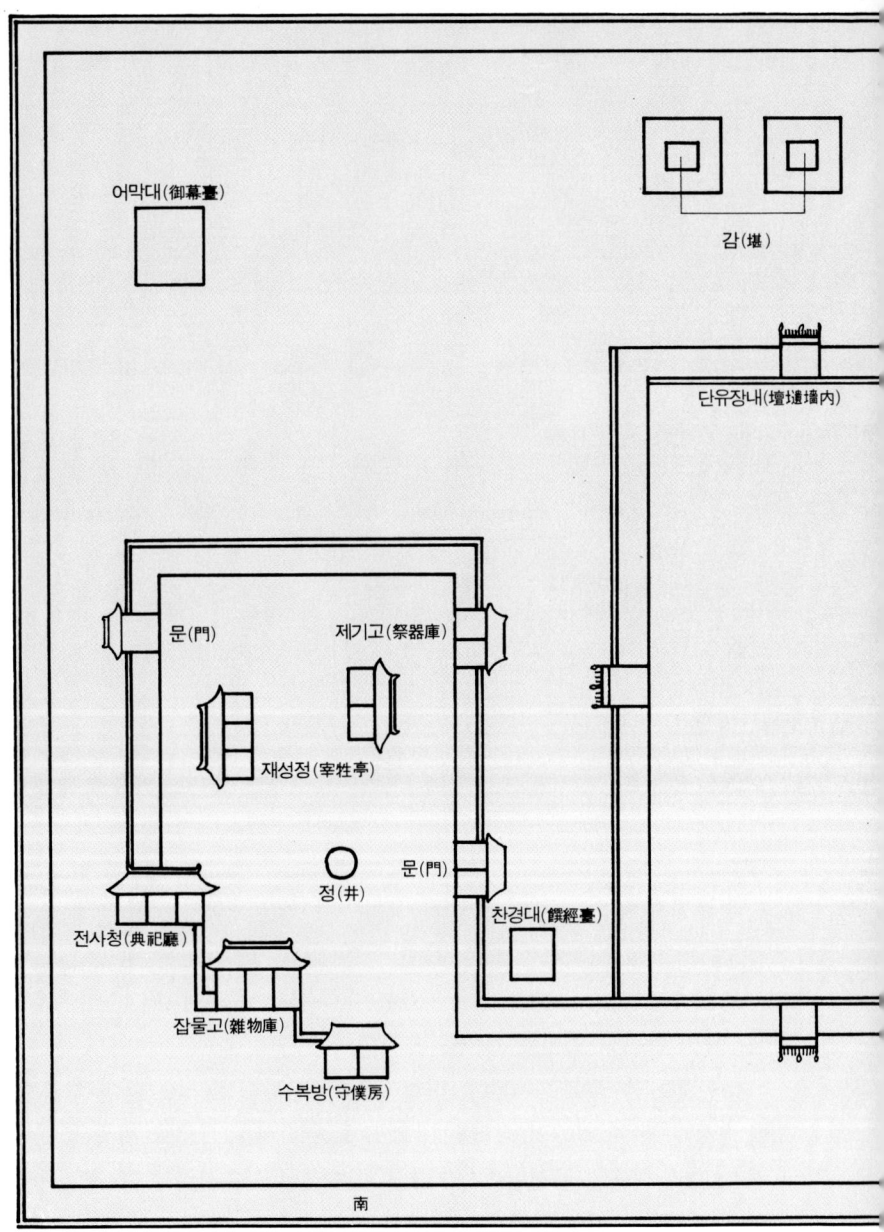

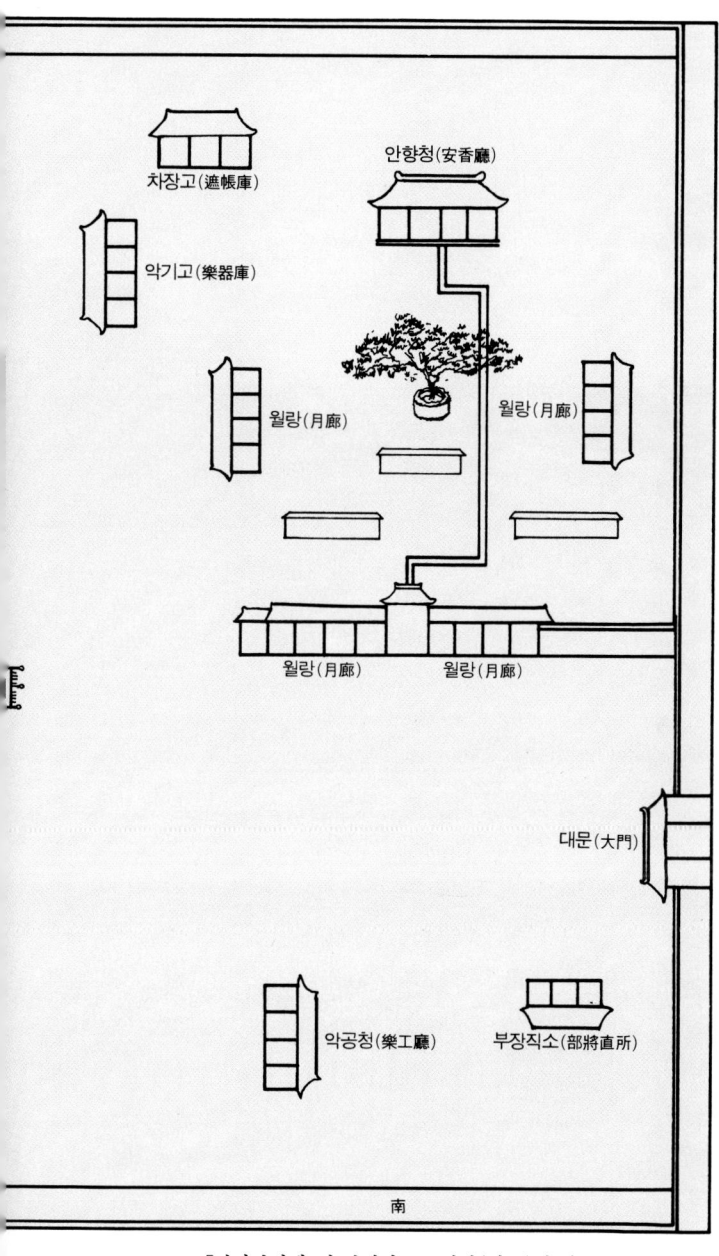

차장고(遮帳庫)

안향청(安香廳)

악기고(樂器庫)

월랑(月廊)

월랑(月廊)

월랑(月廊)

월랑(月廊)

대문(大門)

악공청(樂工廳)

부장직소(部將直所)

南

「사직서의궤」의 사직단 18세기(정조)의 사직단 모습이다.

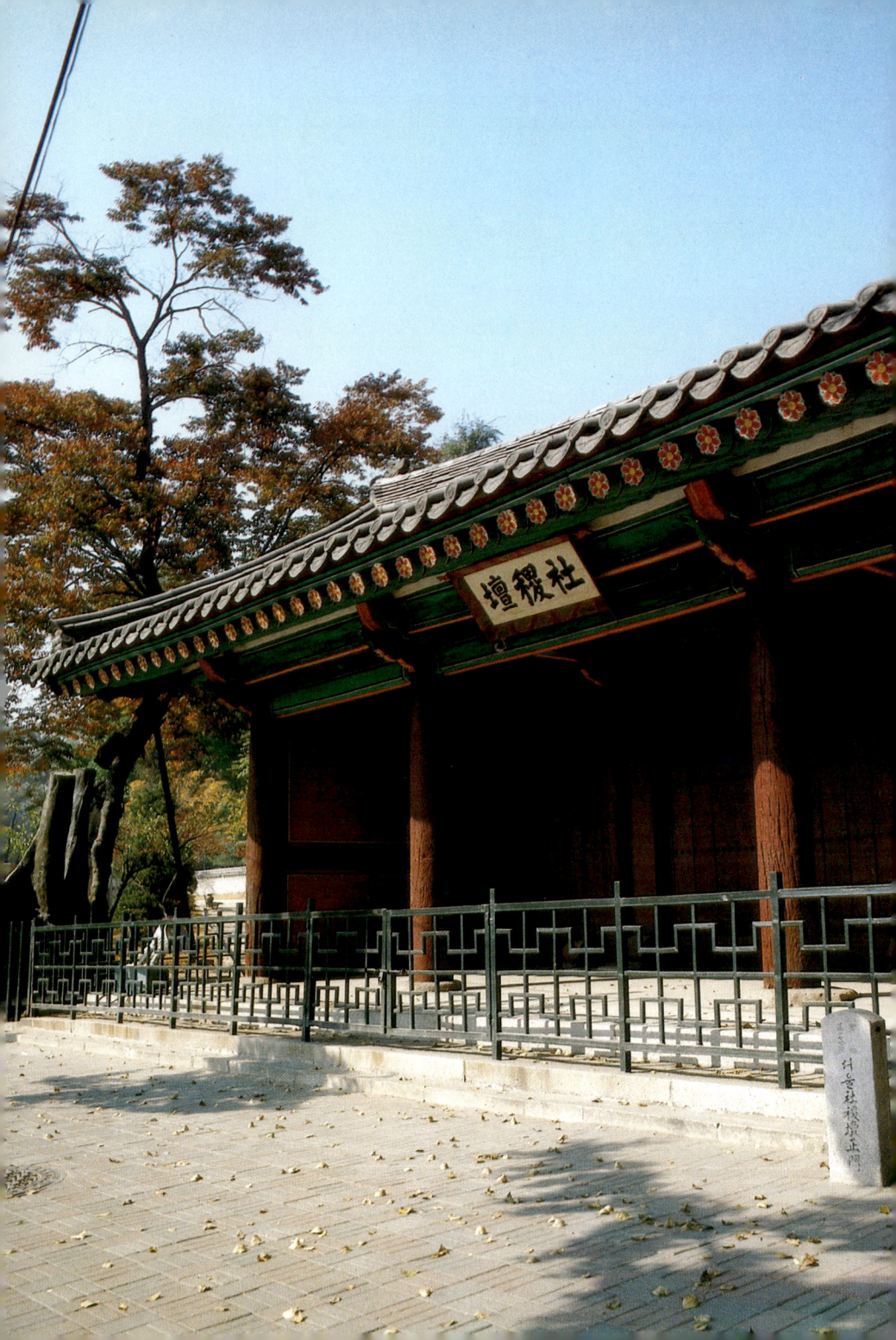

사직단 정문 조선 중기의 목조 건물이며 보물 제177호이다. 원래는 더 앞쪽에 있었으나 1960년대에 도로 공사 때문에 뒤로 물러나 다시 세워졌다.

　사직단의 부속 건물 가운데 지금 남아 있는 건물은 안향청과 정문이다. 안향청은 친제 때 재궁으로 쓰이던 건물로 정면 4칸, 측면 2칸의 팔작 지붕이며 장대석 기단 위에 방형 초석을 놓고 네모 기둥을 세워 포를 짜지 않고 보와 도리를 걸고 부연 없이 서까래만 건 간소한 구성이다.

　정문은 임진왜란 뒤 다시 세워진 것인데 기둥 위의 공포 형식이 학술적으로 주목된다. 초익공이면서 출목이 있고 익공의 형상이나 결구 방식이 주심포식에 가까워서 특이한 점이 있기 때문이다. 또한 정문은 원래 문 왼쪽과 오른쪽으로 담이 있었고 위치도 제자리에서 14미터 앞에 있던 것을 뒤로 옮겼다.

사직단의 형식과 제례

본래 단(壇)을 세우는 것은 일상적인 것과 높이를 달리함으로써 구별하고자 하는 뜻이 담겨 있다. 바닥을 높임으로써 평범한 것으로부터 높임을 받고자 하며, 나아가서 세속으로부터 신성(神聖)을 구분짓고자 하는 것이다. 제사를 지내기 위한 시설이 단을 갖는 것은 바로 이런 신성을 추구하기 때문이다.

단의 높이는 목적에 따라 달라진다. 태양을 숭배한 잉카 제국 신전의 제단, 불교의 계단(戒壇), 토속 신앙의 서낭단이 모두 제각기의 높이를 갖는다. 조선조의 사직단은 높이가 3척이고 3단의 장대석으로 쌓았다. 3이라는 길수(吉數)를 의식한 결과라고 하겠다.

사직단의 형태는 네모이다. 고대 중국에서 방형은 땅을 상징하고 원형은 하늘을 상징하였는데 땅의 신을 위한 시설인 사직단은 그에

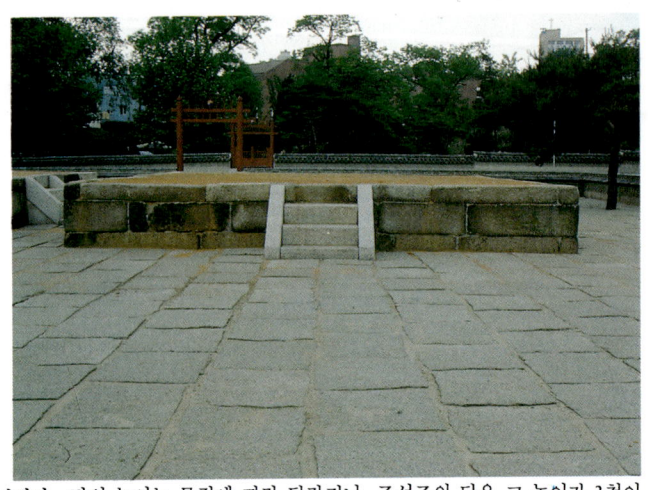

사직단 단의 높이는 목적에 따라 달라지나 조선조의 단은 그 높이가 3척이고 3단의 장대석으로 쌓았다. 길수(吉數) 3이 적용된 결과라고 하겠다.

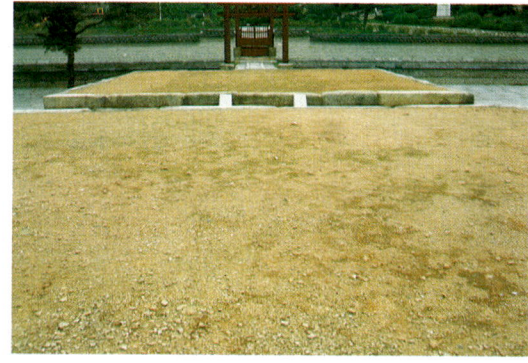

사직단 형태　땅과 곡식의 신을 모신 곳이므로 방형(方形)으로 되어 있다.

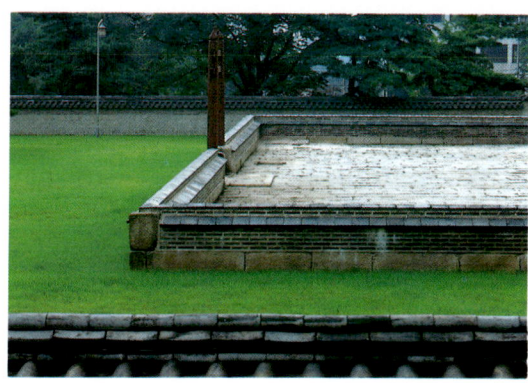

유　방형으로 된 단의 주위에는 '유'라는 울타리가 사방에 둘러지는데 속계와 성계를 구분하는 뜻이 있다.

걸맞게 방형으로 만들었다. 지금 북경에 남아 있는 하늘을 제사하는 천단(天壇)이 원형을 이루고 있는 것과 좋은 대조를 이룬다.

　단의 주위에는 '유'라는 울타리가 사방에 둘러진다. 높이는 사람 키에 불과하지만 속계(俗界)와 성계(聖界)를 구분한다는 큰 뜻을 지닌다.

　사직단의 형태에서 우리는 고대의 이미지를 얻을 수 있다. 이미 「주례」에 그 형태가 명시된 단의 제도는 수천 년 동안 중국에서 준수되었고 우리도 불과 백 년 전까지 최고의 격식으로 존중하여 왔다. 고대의 이미지가 변하지 않고 그대로 이어져 내려 온 희귀한 사례의 하나가 사직단이라고 말할 수 있다.

사직의 제사는 종묘와 함께 길례 대사의 하나로 국가의 중요한 의식이었다. 그 제례 절차는 거의 종묘 제례와 유사하였으며 다만 신위가 국사, 국직, 후토, 후직으로 한정되었으므로 제사 인원이 종묘보다 적을 따름이었다.

사직단에서 치르는 제사는 봄, 가을 그리고 동지 뒤 세번째 무일인 납일에 치르는 것이 가장 큰 것으로 왕의 친제가 되며 그 밖에 기도하고 알리는 기고제, 기도한 것이 이루어졌을 때 드리는 보사제가 있고 기우제나 기곡제도 있었다.

이 가운데 춘추 납일의 사직 대제에 대하여 간단히 살펴보면 우선 제관으로는 왕이 초헌관, 왕세자가 아헌관, 영의정이 종헌관이 되어 종묘와 같고 그 밖에 수많은 각종 집례관이 따른다. 제사 절차 역시 종묘와 거의 같아서 제사 8일 전에 재계가 시작되어 4일 동안 산재하고 3일 동안 치재하며 치재 마지막 날에 왕이 재궁에 든다. 제사일에 전폐하고 모든 진설이 이루어지면 초헌, 아헌, 종헌의 순으로 작헌례가 행해지고 이어서 음복, 철변두한 뒤에 축판과 폐백을 구덩이에 묻으면 식이 끝나게 된다. 이 사직 의례에도 종묘 제례 때와 마찬가지로 음악과 무용이 연주된다.

단, 유에서의 각각의 위치를 살펴보면 제관와 집례관은 동문으로 들어와서 초헌관인 왕은 북신문과 유의 북문 사이에 마련된 판 위에 자리하고 그 아래로 아헌관, 종헌관 및 집례관이 선다. 단 아래 북쪽에 헌가가 마련되며 유 안의 단 위 북쪽에 등가가 마련된다. 각 신단의 동북 모서리에 음복위가 마련되며 단의 북쪽 끝에는 구덩이가 설치된다.

이와 같이 사직단은 그 형식이 중국의 예제를 충실히 따르고 있으며 제례의 절차에 있어서는 종묘와 마찬가지로 최고의 격식을 유지하여 치러졌었다.

종묘와 사직—오늘의 의미

　조선 왕조가 막을 내린 뒤 사직단에서 드리던 제례는 함께 종식을 고하였다. 종묘 제례는 내용이 축소되어 한동안 지속되다가 1945년 이후로 중단되었다. 제례가 치러지지 않게 되면서 사직단과 종묘는 많은 훼손을 당하였음은 물론이다.

　사직단은 이미 일정기에 공원으로 개조되어 조선 최고의 제례 공간이 갖던 신성한 분위기가 사라졌다. 경희궁에 있던 황학정이

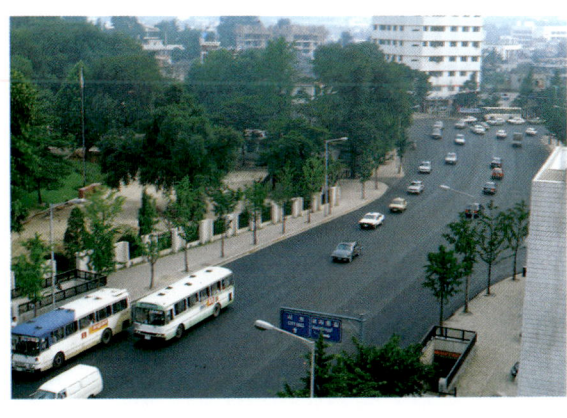

도로 개설로 앞이 잘려 나간 오늘의 사직단 모습

이곳으로 이건되고 소나무가 울창하던 주변에는 단풍나무, 벚나무가 심어졌으며 부속 건물이 철거되고 경역이 크게 줄어들었다. 해방 이후에도 사직단은 계속 공원으로 사용되어, 60년대에는 도시 계획으로 정문이 뒤로 물러나고 70년대에는 도서관, 동사무소, 수영장 등이 들어섰다. 1985년경에 와서야 뒤늦게 사직단을 복원하기 위한 조사가 이루어지고 단과 그 주변이 일부 복원되었으나 이미 과거의 분위기는 전혀 되찾지 못하고 있다.

종묘는 이미 일제시대 때 치명적인 훼손이 가해졌다. 종묘의 주산인 응봉에서 이어 내려오던 산의 주맥을 도로 개설로 잘라 버린 것이다. 앞에서도 언급하였듯이 종묘는 창건 때 도성 감방의 주산인 응봉에서 주맥을 이어받아 임좌 병향으로 지어진 것이었다. 따라서

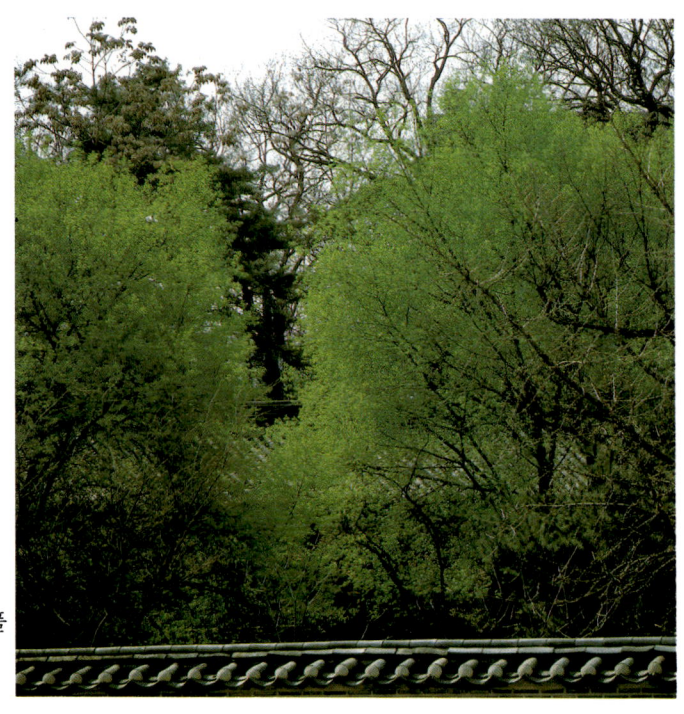

종묘의 수풀

같은 주산을 이은 창덕궁과는 언덕으로 이어져 있었다. 그런데 창덕궁 돈화문 앞에서 지맥을 절개하여 이화동 쪽으로 도로를 개설하는 바람에 종묘는 주산과 맥이 끊어진 채 외따로 서 있게 된 것이다.

해방 이후 나라의 혼란 속에 보호의 손길이 닿지 못하던 종묘는 60년대부터 차츰 정비되기 시작하여 어느 정도 제 모습을 회복하였다. 또 1969년에는 중단되었던 종묘 제례가 부활되고 71년부터 전주 이씨 대동종약원이 이 행사를 도맡아 1년에 한 번씩 정성스럽게 치르고 있다. 아울러 종묘와 사직단에 대한 문화재 지정 작업이 계속되어 현재 종묘가 사적 제125호, 사직단이 사적 제121호, 종묘 정전이 국보 제227호, 영녕전이 보물 제821호, 사직단 정문이 보물 제177호로 지정되어 있으며 또한 종묘 제례악이 중요무형문화재 제1호, 종묘 제례가 중요무형문화재 제56호로 각각 지정되었다.

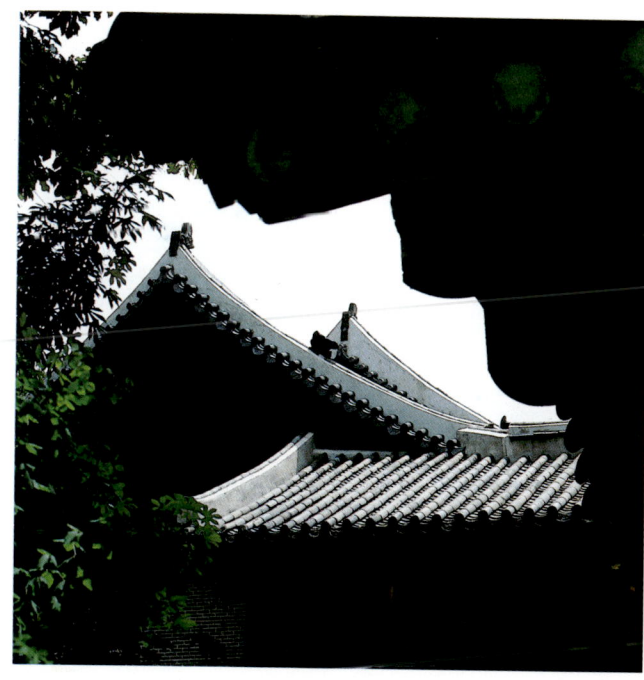

종묘 일곽

이처럼 비록 주맥이 끊긴 채이기는 하나 종묘는 근년에 와서 제례가 부활되고 주변이 정비되어 어느 정도 보호와 보살핌이 이루어지고 있고 사직단도 최소한의 보호의 손길이 닿고 있다.

민주 사회를 만들려고 애쓰고 있는 지금 왕실의 제사나 사직의 제사가 시대 착오라고 생각될지도 모르겠다. 그러나 종묘나 사직은 단순히 지나간 시대의 유물이 아니라 우리의 고유한 문화 유산으로 지금도 살아 숨쉬고 있다. 종묘의 문화적 가치, 건축적 특성은 우리가 세계에 내놓고 자랑할 훌륭한 문화 유산이며 사직단 역시 500년 도읍지의 산 표상이다.

제 나라 문화 유산의 가치를 깨닫지 못할 때 제 민족을 사랑할 마음이 자라나지 못할 것이며 또한 다른 민족과 어깨를 나란히 하여 세계 민족의 대열에 나서기도 어려울 것이다.

종묘와 사직단에 대한 우리 모두의 폭 넓은 인식을 새롭게 할 때이다.

부록
일제시대의 종묘

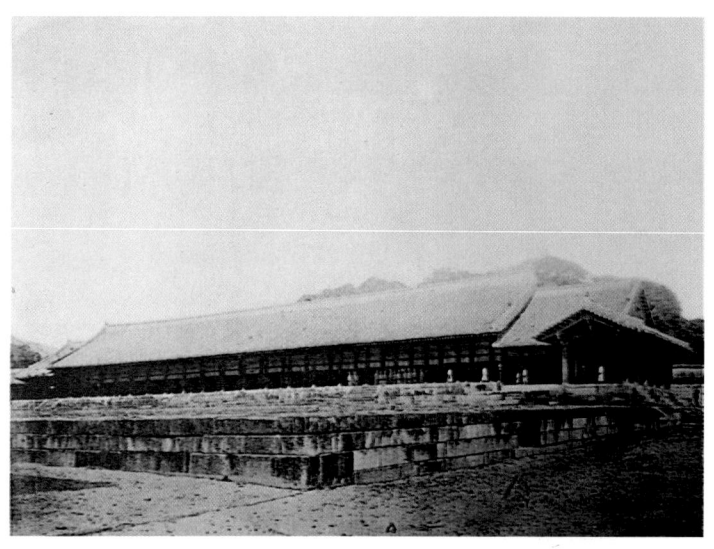

「조선고적도보」에 실린 종묘 정전 조선시대 왕실의 상징인 종묘 정전의 일제시
대 모습이다. 1915년부터 1930년까지 15년 동안 조선총독부의 후원으로 간행된
「조선고적도보」는 낙랑시대부터 조선시대에 이르는 각종 유물들의 도판을 수록
한 책으로 일제시대 일본의 문화적 수탈 과정을 보여 준다.

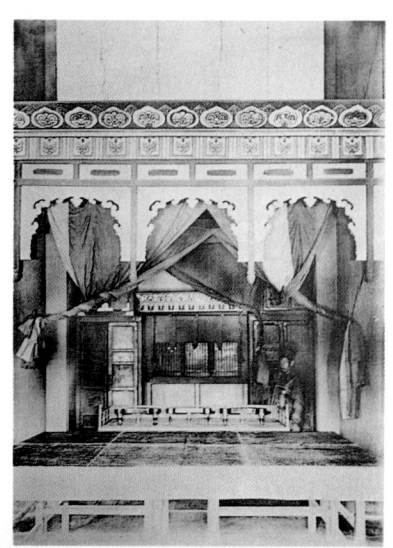

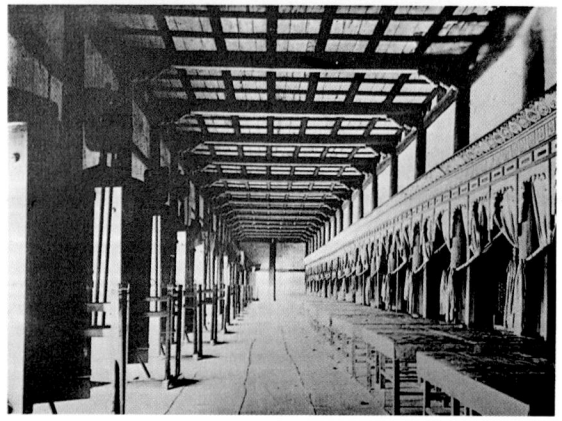

종묘의 신실 내부 종묘 정전 건축 구성의 기본 단위인 신실의 모습을 보여 주
고 있다. 제일 뒤에 신위를 모신 감실이 있고 그 앞에 제사 지낼 공간이 마련되
어 있으며 끝에 판문이 설치되어 있다.(위)

종묘의 내부(35쪽 사진과 비교) 판문 밖으로 툇간 1칸이 마련되어 있는데 신
실과 이 한 칸은 제사를 지내는 데 필요한 최소한의 공간이다.(아래)

Chongmyo and Sajik Shrines

Throughout much of traditional Asian culture, including China and Korea, rite has been highly important, and in modern society preserving rite carries with it the meaning of maintaining basic social order.

There are a number of rituals which are considered important forms of rite, and the most significant for these in Korea are the Chongmyo and Sajik rituals. Chongmyo is the term used for a place where memorial services are performed for deceased kings, and Sajik is the term for a place where services for the Gods of Earth and Crops are performed. These rituals are symbols for nations themselves in that they guarantee order and successful ruling of the nation. Consequently, due to the importance of these rituals, the Chongmyo and Sajik shrines where the rituals are performed are classic in their architectural grace, detail and beauty. Although such facilities existed in Korea as early as the Three Kingdoms Period, those that remain today in Seoul are from the Chosŏn Dynasty(1392–1910). The first Chongmyo of the dynasty was erected in Seoul in 1395, and the main hall, Chŏngjŏn, contained 7 rooms. One room was used for the memorial tablets of one king and his queen. The 4th king of the dynasty, King Sejong, had an additional hall, the Yŏngnyŏngjŏn ("Hall of Eternal comfort"), built beside the main hall to house all of the tablets which could not be housed in the main hall.

With successive reigns and an increasingly large number of memorial tablets, however, additions had to be made to the facilities. Rooms were added from west to east until there was a total of 19. The original Chosŏn Chongmyo, however, was destroyed in 1592, and the Chongmyo which exists today was built in 1601.

Chongmyo was located to the left of the main palace, Kyŏngbok, and Sajik was built to the right (as viewed from the king's throne), a tradition of planning which goes back to ancient China.

The main hill of the Chongmyo complex is called Yŭngbong, and from it a number of smaller hills extend southward until they encompass the Chongmyo compound of the Chŏngjŏn, Yŏngnyŏngjŏn and other auxiliary buildings. They were built according to terrain, however, and in totality they appear to the modern eye not to be very balanced in distribution.

The Chŏngjŏn is comprised of 19 identical rooms, and they are extremely simple with no ornamentation. However, the building as a whole is both grand and impressive, and the twenty thick, round pillars sufficiently project the dignity and grandeur of royalty. In front of the Chŏngjŏn is an impressive 150-meter-long, 100-meter-wide elevated stone yard called "Woldae" which is used during ceremonies by musicians, dancers and other participants. The large stone blocks which compose the yard provide a striking and solemn atmosphere as they lay in silence before the Chŏngjŏn, and the yard greatly complements the architecture.

The Chongmyo ritual itself has been designated an Important Intangible Cultural property by the government not only for its historical importance but for the splendor of the music, dance and ceremony.

The Sajik Shrine was built at the same time as the Chongmyo Shrine, and the original shrine still stands intact although a few repairs have been made over the centuries. There are two identical outdoor shrines, one each for the Earth God and the God of Crops, and the entire shrine area is surrounded by two stone walls.

Both the Chongmyo and Sajik shrines stand not only as symbols of the nation and the Chosŏn Dynasty, but as representative forms of traditional Korean culture, and they are treasured as such even today.

참고 문헌

종묘, 사직단과 관련한 문헌은 특히 고문서 가운데 상당히 많은 양이 전해지고 있지만 일반인들이 쉽게 접할 수 있는 문헌에 한하여 간단히 소개하고자 한다.

우선 종묘, 사직단의 연혁에 대해서는 「서울 육백년사」(1권~3권 및 문화유적편, 1978~1987년, 서울특별시)가 있다. 연혁에 대한 고문헌으로는 「증보문헌비고」 「종묘의궤」 「종묘의궤속록」(숙종~고종), 「사직서의궤」(정조 11) 등이 있으며 이 가운데 「증보문헌비고」는 번역본이 간행되어 있다.

종묘와 사직의 제례에 관련된 것으로는 「국조오례의」(서울대학교 출판부의 영인본과 법제처의 한글 번역본이 있음)가 기본이 되며 「고려사」(지, 길례편)에는 고려시대의 종묘와 사직의 제도가 실려 있다.

종묘의 건물 증축 과정은 「종묘수개도감」(인조 11), 「영녕전수개도감의궤」(현종 8), 「종묘개수도감의궤」(영조 2), 「종묘영녕전증수도감의궤」(헌종 2) 등이 고문헌의 기본이 된다. '조선시대 종묘 정전 및 영녕전의 건물 규모의 변천'(김동욱, 「문화재」 제 21호, 1988)은 위 고문헌을 이용하여 건물의 증축 과정을 간단히 정리한 것이다.

한편 중국의 종묘 제도를 문헌으로 분석하고 우리나라 종묘 제도를 고찰한 것으로 '종묘 건축에 관한 연구'(이경미, 이화여대 대학원, 1989)가 있다.

빛깔있는 책들 102-15

종묘와 사직

글	―김동욱
사진	―김동욱, 김종섭

발행인	―장세우
발행처	―주식회사 대원사

주간	―박찬중
편집	―김한주, 신현희, 조은정, 황인원
미술	―차장/김진락 윤용주, 이정은, 조옥례
전산사식	―김정숙, 육양희, 이규헌

첫판 1쇄 ―1990년 11월 30일 발행
첫판 6쇄 ―2005년 11월 30일 발행

주식회사 대원사
우편번호/140-901
서울 용산구 후암동 358-17
전화번호/(02) 757-6717~9
팩시밀리/(02) 775-8043
등록번호/제 3-191호
http://www.daewonsa.co.kr.

(대원) 값 13,000원

Daewonsa Publishing Co., Ltd.
Printed in Korea(1990)

ISBN 89-369-0034-X 00540

빛깔있는 책들

민속(분류번호 : 101)

고미술(분류번호 : 102)

불교 문화(분류번호 : 103)

음식 일반(분류번호 : 201)